X.media.management

Springer-Verlag Berlin Heidelberg GmbH

Die Reihe **X.media.management** des Springer-Verlages
in Kooperation mit dem Prinect Systemhaus und der
Print Media Academy der Unternehmensgruppe
Heidelberg wendet sich an Führungskräfte der Druck-
und Medienindustrie und Verantwortliche für Medien-
produktion. Mit praxisnahen Themendarstellungen
vermittelt diese Reihe aktuell und kompetent relevantes
Fachwissen im Wandel der Medientechnologien.

Wolfgang Kühn · Martin Grell

JDF

Prozessintegration, Technologie, Produktdarstellung

Mit 20 Abbildungen und 8 Tabellen

Springer

Prof. Dr.-Ing. Wolfgang Kühn
Bergische Universität Wuppertal
FB E Elektrotechnik,
Informationstechnik, Medientechnik
Rainer-Gruentner-Str. 21
42119 Wuppertal wkuehn@uni-wuppertal.de

Martin Grell
Bliggergasse 4
69239 Neckarsteinbach
martin.grell@web.de

Bibliografische Information der Deutschen Bibliothek
Die Deutsche Bibliothek verzeichnet diese Publikation in der Deutschen
Nationalbibliografie; detaillierte bibliografische Daten sind im Internet über
<http://dnb.ddb.de> abrufbar.

ISSN 1613-5660

ISBN 978-3-642-62239-7   ISBN 978-3-642-18675-2 (eBook)
DOI 10.1007/978-3-642-18675-2

Umschlaggestaltung: KünkelLopka Werbeagentur, Heidelberg
Satz: Word-Daten der Autoren
Umbruch: LE-TeX, Jelonek, Schmidt & Vöckler GbR, Leipzig
Gedruckt auf säurefreiem Papier   33/3142 SR   –   5 4 3 2 1 0

Inhaltsverzeichnis

1 Einführung

> *... JDF may not be as headline-grabbing as a new press*
> *but it's potentially the most important development*
> *in the printing industry since postscript.*
>
> Simon Eccles, Electronic Imaging Magazine

Die Printmedien-Industrie steht in einem harten Wettbewerb. Überkapazitäten und schleppende Nachfrage führen zu Margenverfall. Gleichzeitig steigen die Erwartungen der Kunden bezüglich Flexibilität, Qualität, Geschwindigkeit und Zuverlässigkeit. In dieser Situation müssen Prozesse neu überdacht und Herstellungskosten weiter gesenkt werden.

Die einzelnen Maschinen und Prozesse wurden in der Vergangenheit bereits weitgehend automatisiert und optimiert. Die nächste Herausforderung für die Printmedien-Industrie liegt im Auflösen existierender Softwareinseln. Prozessintegration ist das Ziel, die Technologie hierfür wird durch das neu geschaffene Job Definition Format (JDF) bereitgestellt.

Derzeit wird, gestützt auf das Dokumentenformat PDF und das herstellerunabhängige JDF, eine neue Generation ganzheitlicher Workflow-Lösungen entwickelt, die die Prozessintegration der gesamten Wertschöpfungskette ermöglicht. Für Druckdienstleister, die sich vernetzen lassen, ergeben sich Chancen, die Prozesskosten zu senken, aber auch mit dem Einsatz neuer Technologien verbundene Risiken. Für eine abgesicherte Investitionsentscheidung sind daher umfangreiche technische wie betriebswirtschaftliche Hintergrundinformationen einzuholen.

Dieses Buch ist für alle diejenigen verfasst, die über Prozessintegration und Vernetzung in der Printmedien-Industrie zu entscheiden haben bzw. direkt oder indirekt an derartigen Entscheidungen beteiligt sind. Dem Leser werden gezielte Informationen für die Investitionsentscheidung und erfolgreiche Umsetzung von Vernetzungsprojekten geliefert.

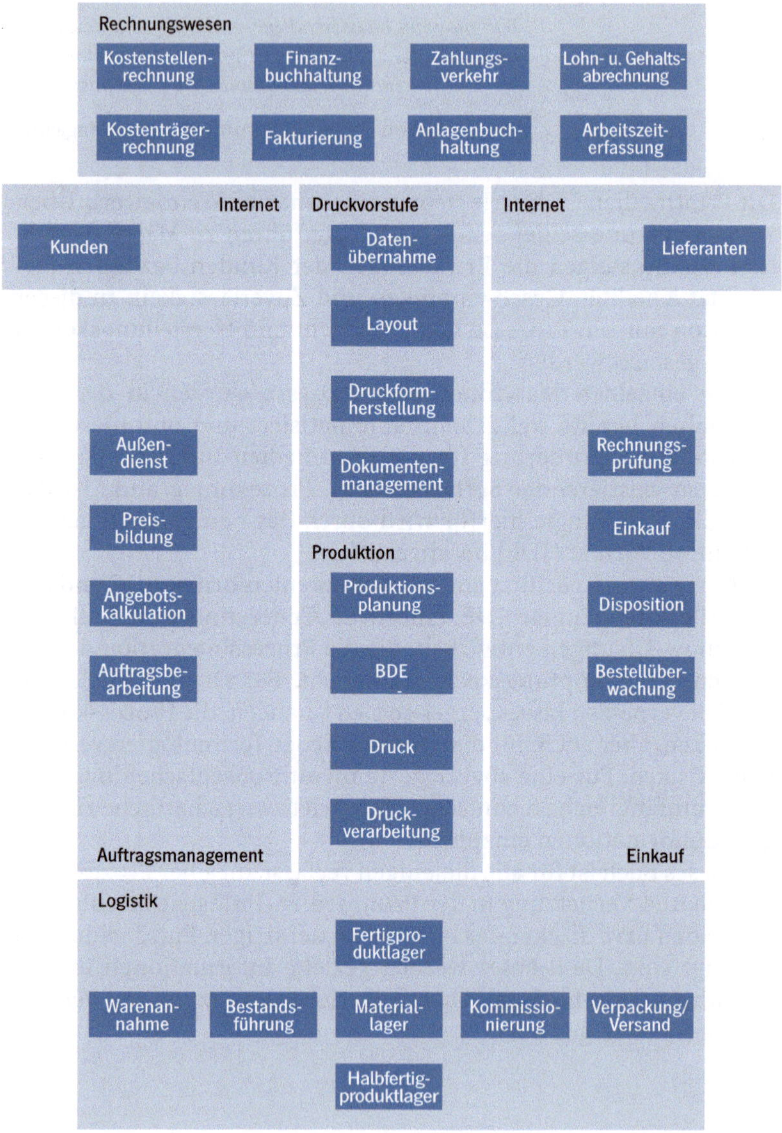

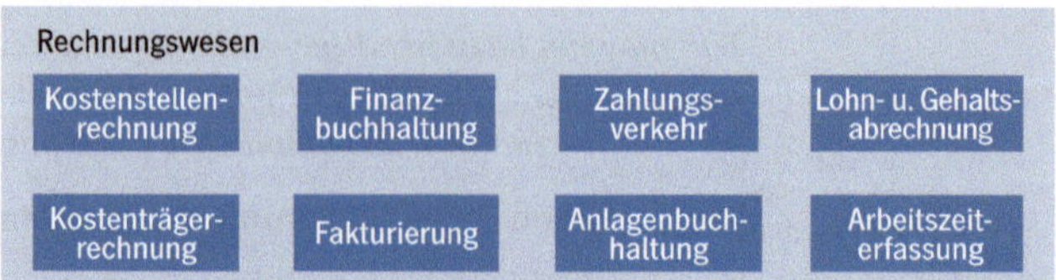

Rechnungswesen
Kostenstellen-rechnung
Finanz-buchhaltung
Zahlungs-verkehr
Lohn- u. Gehalts-abrechnung
Kostenträger-rechnung
Fakturierung
Anlagenbuch-haltung
Arbeitszeit-erfassung
Internet
Kunden
Druckvorstufe
Daten-übernahme
Layout
Druckform-herstellung
Dokumenten-management
Internet
Lieferanten
Außen-dienst
Preis-bildung
Angebots-kalkulation
Auftragsbe-arbeitung
Produktion
Produktions-planung
BDE
Druck
Druck-verarbeitung
Rechnungs-prüfung
Einkauf
Disposition
Bestellüber-wachung
Auftragsmanagement
Einkauf
Logistik
Fertigpro-duktlager
Warenan-nahme
Bestands-führung
Material-lager
Kommissio-nierung
Verpackung/Versand
Halbfertig-produktlager

2 Prozessintegration in der Printmedien-Industrie

Die Printmedien-Industrie befindet sich im Umbruch. Erkenntnisse und Industrialisierungskonzepte, die sich in anderen Branchen bereits durchgesetzt haben, gelangen auch hier in jüngerer Zeit sukzessive zur Anwendung. Begriffe aus der IT-Welt wie Enterprise Ressource Planing (ERP), Management Information System (MIS), Computer Integrated Manufacturing (CIM), Customer Relationship Management (CRM), Supply Chain Management (SCM) etc. finden Einzug.

Mit der Etablierung des Job Definition Formats (JDF) im Jahr 2000 wurde ein gewaltiger Schritt nach vorne getan. Mit diesem neuen Standard ist der Weg frei für die Entwicklung komplett integrierter Prozess-Systeme, die ein Höchstmaß an Transparenz, Flexibilität, Qualität und Effizienz versprechen. Die Vernetzung der Druckdienstleister über einheitliche Standards wird nach Etablierung eines durchgängig digitalen Workflows in der Druckvorstufe der nächste große Entwicklungsschub für die Industrie sein.

JDF — Das Job Definition Format (JDF) dient der Beschreibung und Erfassung aller für einen Druckauftrag relevanten Daten und Prozessschritte. Das JDF basiert auf XML und wird vom CIP4-Konsortium gepflegt und weiterentwickelt. www.jdf.org

Zwischen den verschiedenen Abteilungen eines Druckdienstleisters wie etwa dem Auftragsmanagement, dem Rechnungswesen, der Produktion und Logistik, aber auch zu Kunden und Lieferanten herrschen vielfältige Medienbrüche. Selbst Tätigkeiten innerhalb einzelner Abteilungen werden häufig mit verschiedenen Softwareapplikationen durchgeführt, die nicht miteinander kommunizieren. Diese Prozessineffizienzen lassen sich über Prozesskosten ausdrücken. Ziel der Prozessintegration ist die Senkung dieser Kosten. Hierfür werden die in den einzelnen Abteilungen generierten Daten entlang verschiedener Vernetzungsstrecken durchgängig verfügbar gemacht.

2.1
Das Kernproblem unvernetzter Produktion:
Die Prozesskosten

In der unvernetzten Produktion von Druckaufträgen existieren eine Reihe von Softwareinseln und Medienbrüchen, die zu Doppeleingaben und Intransparenzen führen. Dadurch ist der Bearbeitungs- und insbesondere der Kommunikationsaufwand für das Auftragsmanagement unnötig hoch. Je komplexer die Aufträge und je kleiner die Auflagen, desto mehr fallen diese Ineffizienzen ins Gewicht und schlagen sich in hohen Prozesskosten nieder.

Prozesskosten sind diejenigen Kosten, die entlang des Entstehungsprozesses eines Druckproduktes anfallen unter Einschluss der Gemeinkosten aus Auftragsabwicklung, Arbeitsvorbereitung, Produktion, Logistik etc. Die Kosten verhalten sich vereinfacht dargestellt im Auftragsmanagement, in der Arbeitsvorbereitung, Druckvorstufe und Logistik proportional zur Anzahl und Komplexität der Aufträge, während im Druck und der Weiterverarbeitung auflagenproportionale Einflussfaktoren überwiegen. Durch geeignete Investitionen in Plattenbelichter (Compter-to-Plate) und moderne Druckmaschinen können die Prozesskosten in der Produktion reduziert werden. Im Auftragsmanagement, in der Arbeitsvorbereitung, Logistik und Druckvorstufe lassen sich die Prozesskosten durch „schlanke" Abläufe realisieren, bei denen Eingaben nur einmal gemacht werden und ein geringer Abstimmungsbedarf zwischen den Abteilungen herrscht.

Prozessineffizienzen werden zum Problem, wenn die durchschnittliche Auflagenstärke zurückgeht, wie es eine Untersuchung des Rochester Institut of Technology aus dem Jahr 2000 belegt. Dieser Studie zufolge stieg alleine in den Jahren 1998 bis 2000 die Anzahl von Druckaufträgen mit Auflagen kleiner als 2000 Stück von 28 % auf 44 % an.[1] Dies führt zu steigenden Auftragskosten vor allem in den auflagenunabhängigen Bereichen Druckvorstufe, Korrektur und Auftragsmanagement.

Untersuchungen der Heidelberger Druckmaschinen AG bestätigen dieses. Einer Studie aus dem Jahr 2000 zufolge fallen im Schnitt 24 % der Auftragskosten im Bereich des Auftragsmanagements an. In der Druckvorstufe sind es nochmals 23 % der Kosten. Zukünftig erwarten die Druckdienstleister ein Anwachsen der Kosten in diesen beiden Bereichen auf 28 % bzw. 26 %. Die Gemeinkosten in der Verwaltung und die nicht auflagenabhängigen Kosten der Druck-

---

[1] Romano, Rochester Institut for Technology, 2000

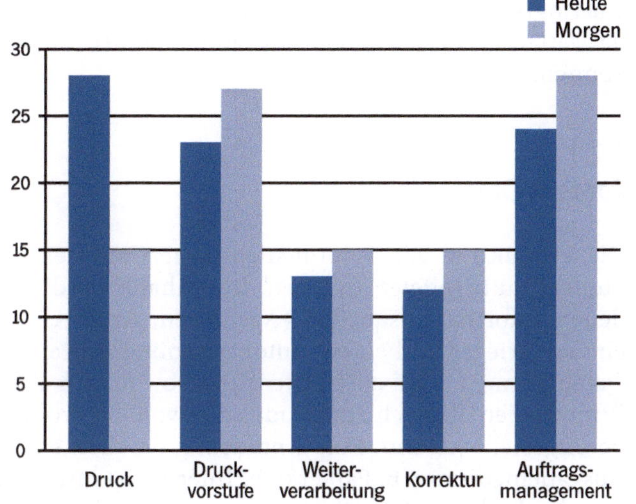

Abbildung 1
Herstellkosten in % der
Auftragskosten. Quelle:
Heidelberger Druckma-
schinen AG

vostufe zehren die Margen auf. Die Produktion wird unprofitabel, wenn nicht gegengesteuert wird.

2.2
Datentypen in der Printmedien-Industrie

Datentypen speichern technische und kaufmännische Informationen in digitaler Form. Je nach Anwendung unterscheidet sich die Struktur der Datentypen. Manche sind bereits standardisiert, andere noch nicht. Daneben wird an den Kommunikationsschnittstellen, dort, wo Technik die Kommunikation nicht unterstützt, personengebunden kommuniziert.

Die Daten in der Printmedien-Industrie sollen im Folgenden systematisch dargestellt werden. Sie gliedern sich in:

- Content-Daten,

- Stammdaten,

- Auftragsdaten,

- Produktionsdaten,

- Steuerungsdaten,

- Betriebs- und Maschinendaten,

- Qualitätsdaten.

Die Abgrenzung dieser Datentypen ist im Einzelfall problematisch, da Daten in verschiedenen Zusammenhängen verwendet werden können.

2.2.1
Content-Daten

Die Produktion von Printmedien basiert auf den zu einem Dokument aufbereiteten Inhalten. Die Inhalte werden aus verschiedenen Informationsquellen (Agenturen, Archiven etc.) von z. B. einem Verleger und einem Autor zusammengestellt. Die Content-Daten können über eine Datenbank sowohl zur Produktion von Printmedien als auch zur Produktion von elektronischen Medien bereitgestellt werden. Eine Anpassung der Content-Daten an das Ausgabemedium z. B. Papier oder Internet ist insbesondere bezüglich der Farbe und Auflösung sowie des Bild- und Datenformats erforderlich. In der Printmedien-Industrie hat sich in den letzten Jahren das PDF als Standardaustauschformat für Content-Daten entwickelt.

PDF

Das Portable Document Format (PDF) wurde von Adobe als plattformunabhängiges Ausgabedatenformat geschaffen. Es ist ein im Druck- und Medienbereich anerkannter Standard, der auch in allgemeinen IT-Bereichen Einzug gefunden hat.

2.2.2
Stammdaten

Stammdaten sind Daten, die in allen Bereichen des Auftragsmanagements, der Planung und Produktion immer wieder benötigt werden. Dazu gehören u. a. Erzeugnisstrukturen, Betriebsmittel, Personal, Fertigungsstrukturen, Kunden- und Lieferantenadressen. Stammdaten ändern sich wenig und können, wenn sie in einer Datenbank erfasst sind, immer wieder genutzt werden. Sinnvollerweise sollten Stammdaten zentral gepflegt und den Mitarbeitern an ihrem jeweiligen Arbeitsplatz entsprechend ihrer Zugriffsrechte zur Verfügung gestellt werden.

2.2.3
Auftragsdaten

Auftragsdaten beschreiben einen Auftrag. Traditionell werden Auftragsdaten in Form einer Auftragstasche an die einzelnen Arbeitsstationen gebracht. Die Auftragstasche dient der Sicherstellung des ordnungsgemäßen Durchlaufs eines Auftrags durch die Produktion. Verbindende Information sind Auftragsname und -nummer, Kundenname und -nummer etc.

Die Auftragsdaten werden spätestens bei der Auftragsvergabe, meist jedoch schon in der Angebotsphase, über die Eingabe in dem Anfrage- und Auftragsmanagementsystem (AMS) festgelegt.

Anfrage- und Auftragsmanagementsysteme (AMS) sind Softwareapplikationen, die die Kalkulation und Bearbeitung von Aufträgen ermöglichen. Diese Systeme werden im Bereich der Printmedien-Industrie auch als Kalkulations- oder Branchensoftware bezeichnet.

AMS

Über Internet-Portale erhält der Kunde zunehmend die Möglichkeit, online Auftragsdaten an das AMS zu übergeben.

AUFTRAGSTASCHE

Nr.: **04-0013**

Termin:

Auftraggeber:

Heidelberger Druckmaschinen AG
Kurfürstenanlage 52-60

69115 Heidelberg

Kd.-Nr.	1
Tel. 1;	
Fax:	
Mod.:	

Sachbearbeiter:	prinance_dba
Alte Auftr.-Nr.:	
Datum:	20.00.2004

Bem.: Hausfarben: Blau HKS 42 = Cyan 100, Magenta usw
5 Druckmuster immer in die Auftragstasche !!!

20.000 Prospekte Sommerfestival 2004

Umfang:	4 Seiten	Vordrucknr.:
Format:	21 cm x 29,7 cm	Bestellnr.:
Format offen:	42 cm x 29,7 cm	

[x] Neudruck **[ ] Nachdruck** **[ ] Nachdr. m. Änd.**

| Bogen: | Farben Vorderseite: | Rückseite: |
| 1 Bogen zu 4 Ntz. 4/4-farbig | Euroskala | Euroskala |

Satz/Repro:	Korrektur: [ ] JA [ ] NEIN
Korrektur bis zum:	1. Korrektur: _______________
Korrektur an:	2. Korrektur: _______________
Satz fertig bis zum:	3. Korrektur: _______________
	Druckreif am: _______________

| 2 | DTP | Satzarbeiten | |
| 2 | FARBSCAN | 4 Scans 4c A4 | 60er Raster |

| Form: | | | Montagearchiv: | |
| 1 | CTP | Ausgabe Computer to Plate | / Platte 103 cm x 77 cm | 4 |

Druck:			Platten archivieren: [ ] JA [ ] NEIN	
1	CD102-5L	einrichten		4
1	CD102-5L	Druck: zum Umschlagen		11.000

Abbildung 2
Typische
Auftragstasche

2.2.4
Produktionsdaten

Produktionsdaten definieren den Produktionsprozess zwischen verschiedenen Softwareapplikationen und Maschinen. Diese werden vor allem im Bereich der Arbeitsvorbereitung und Druckvorstufe erzeugt und an nachgelagerte Produktionsressourcen weitergereicht. Produktionsdaten sind nicht maschinengebunden und somit noch relativ flexibel. Diese Daten sind als Industriestandard wie das ICC-Profil und das Print Production Format (PPF), als Quasistandard wie das Portable Job Ticket Format (PJTF) oder als proprietäres Format kodiert.

PPF, PJTF

> Im Print Production Format (PPF) können in der Druckvorstufe zahlreiche Parameter für ein Druckprodukt beschrieben und später für die Voreinstellung von Druck- und Weiterverarbeitungsmaschinen verwendet werden. Das PPF wurde vom CIP3-Konsortium gepflegt und weiterentwickelt. http://www.cip4.org
>
> Das Portable Job Ticket Format (PJTF) ist ein Format für die Automatisierung des Druckvorstufenworkflows von Adobe. Die Funktionalität von PJTF ist im JDF enthalten. www.adobe.com

Aufgrund der intensiven Zusammenarbeit zwischen Agenturen und Druckvorstufe sind die Produktionsdaten seit Aufkommen des Postscripts Mitte der 80er-Jahre schon weitgehend standardisiert. Mit den Möglichkeiten des Remote Proofings und der Zertifizierung von PDF werden auch die letzten Lücken eines automatischen Workflows zwischen Agenturen und Druckdienstleistern geschlossen.

2.2.5
Steuerungsdaten

Über die Steuerungssoftware von Maschinen und Geräten können die Produktionsdaten in Steuerungsdaten umgewandelt werden. Hierfür stehen beispielsweise Kalibrationskurven, ICC-Profile, Falzartenkataloge zur Verfügung. Mitarbeiter in der Produktion können zur Steuerung an den Leitständen die Produktionsdaten direkt oder leicht verändert übernehmen. Daneben gibt es z. B. für Druckmaschinen eine Reihe von Daten, die nicht aus der Druckvorstufe kommen, wie etwa die Druckwerkbelegung, Feuchtmittelzugabe, Puderlänge, etc., die unmittelbar am Leitstand eingegeben werden.

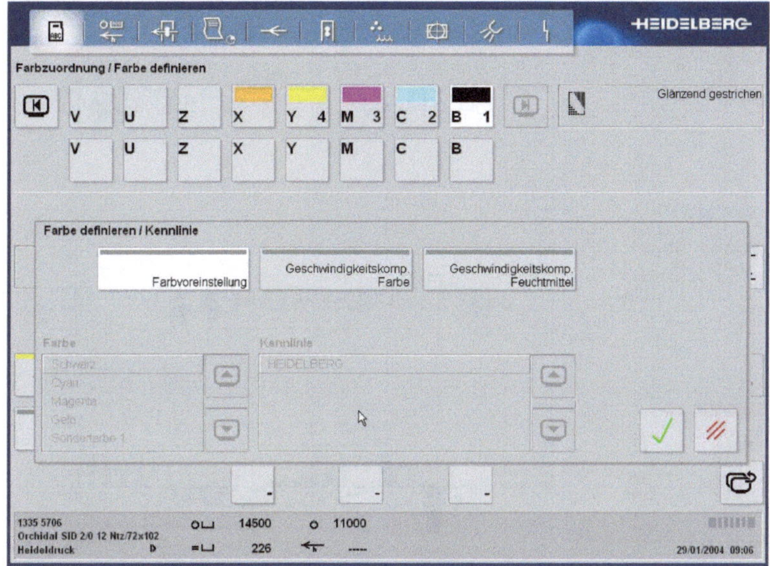

Abbildung 3
Eingabe von
Steuerungsdaten
am CP2000 Center

2.2.6
Betriebs- und Maschinendaten

Für die Auswertung der tatsächlich abgelaufenen Prozesse im Rahmen der Produktionssteuerung und Nachkalkulation werden Betriebs- und Maschinendaten benötigt. Die Auswertung dieser Daten gibt z. B. Aufschluss über den Status, die Auslastung und Verfügbarkeit der Produktionsressourcen. Maschinendaten sind technische Daten, die direkt aus der Maschine bzw. dem Workflow ausgelesen werden und betriebswirtschaftlich interpretiert werden müssen.

Betriebsdaten werden traditionell auf Tageszetteln von den Mitarbeitern erfasst und geben Auskunft über die Ressourcennutzung und den Materialverbrauch. Neben auftragsbezogenen Daten werden auch nicht auftragsbezogene Daten, wie z. B. Wartungszeiten, Ausbildungszeiten, etc. erfasst.

2.2.7
Qualitätsdaten

Qualitätsdaten sind Daten, die der Aufrechterhaltung eines angestrebten Qualitätsstandards bzw. der Aufrechterhaltung einer kontinuierlichen Produktion dienen. Hierzu gehören u. a. densitometrische und photospektrale Messwerte, aber auch Angaben zu den Chemikalien, die für die Plattenentwicklung notwendig sind. Qua-

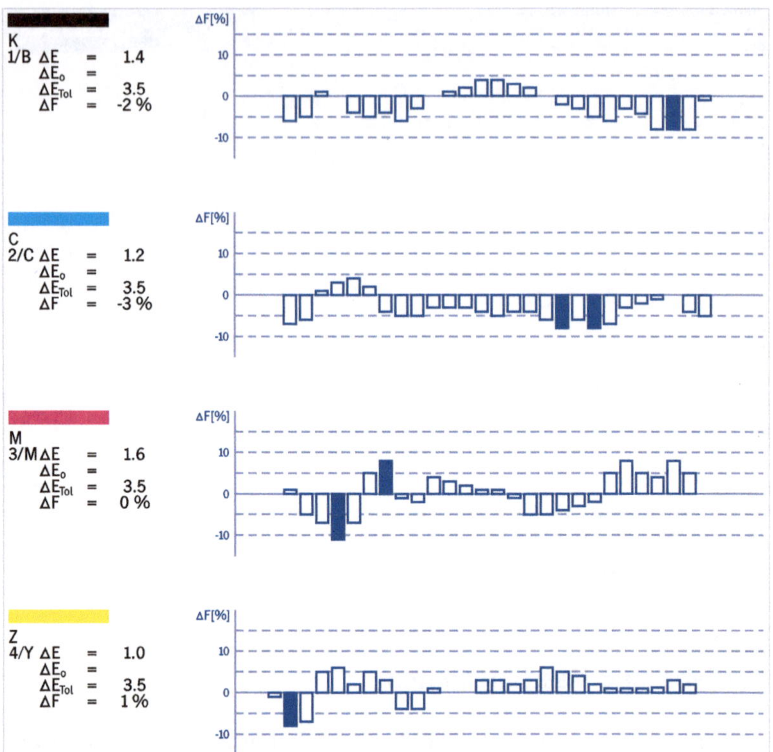

Abbildung 4
Protokoll eines
Farbmess- und
Steuerungssystems

litätsdaten sind für die Druckdienstleister relevant, um eine hohe Produktionssicherheit innerhalb vorgegebener Toleranzfelder sicherzustellen.

Qualitätsdaten können direkt zur Regelung des Produktionsprozesses genutzt werden. Verlässt ein Messwert den geforderten Toleranzbereich, so muss die Maschine nachgeregelt bzw. eine Warnung ausgegeben werden. Weiter sind Qualitätsdaten zur Dokumentation erforderlich. Insbesondere Druckdienstleister, die eine ISO-Zertifizierung anstreben, müssen die erbrachte Qualität dokumentieren und auch rückwirkend nachweisen können.

2.3
Vernetzungsstrecken der Prozessintegration

Daten werden innerhalb einer Applikation bzw. zwischen verschiedenen Applikationen des Druckdienstleisters in digitaler, schriftlicher oder mündlicher Form ausgetauscht. Ein Datenstrom verbindet veschiedene Applikationen zu einer Vernetzungsstrecke.

Aufgrund der hohen Arbeitsteiligkeit in der Printmedien-Industrie sind die Datenströme nicht auf Standorte bzw. Unternehmen begrenzt. Kunden machen Anfragen, stimmen das Druckerzeugnis ab, fragen nach, wann die Produktion zur Auslieferung bereitsteht. Lieferanten bieten ihre Produkte mit Preislisten und Produktinformationen an. Agenturen tauschen Content-Daten mit dem Druckdienstleister aus.

Die Prozessintegration von Druckdienstleistern ist mit erheblichem Aufwand verbunden. Für die Vernetzung muss in aktuelle, vernetzungsfähige Softwareapplikationen und Dienstleistungen investiert werden. Ältere Maschinensteuerungen müssen auf den aktuellen Hardware- und Softwarestand gebracht werden, um im Netzwerk kommunizieren zu können. Hinzu kommt der nicht zu vernachlässigende interne Aufwand zur Einführung der Vernetzung und Schulung der Mitarbeiter.

Die Vernetzung eines Druckdienstleisters muss jedoch weder komplett noch in einem Zug umgesetzt werden. Von daher macht es Sinn, die Gesamtheit der Vernetzungsmöglichkeiten in einzelne Vernetzungsstrecken zu unterteilen und entsprechende Investitionsschwerpunkte zu legen. Im Einzelnen sollen folgende Vernetzungsstrecken unterschieden werden:

- E-Business,

- Auftragsvorbereitung,

- Maschinenvoreinstellung,

- Auftragsplanung und -steuerung,

- Betriebsdatenerfassung und Nachkalkulation,

- Farbworkflow.

Je nach Auftragsstruktur und Maschinenpark ist zu analysieren, welche Vernetzungsstrecken tatsächlich realisierbare Vorteile für den jeweiligen Druckdienstleister bieten.

2.3.1
E-Business

Ziel der Vernetzungsstrecke E-Business ist es, die Prozesskosten zwischen Kunde und Druckdienstleister möglichst gering zu halten, die Kundenbindung mit speziell auf die Kunden zugeschnittenen Lösungen zu erhöhen und neue Dienstleistungen anzubieten. Durch die 24/7-Verfügbarkeit ohne regionale Einschränkungen bieten E-Business-Lösungen potenziell die Möglichkeit, das Absatzgebiet zu erweitern.

<table>
<tr><td>24/7-Verfügbarkeit</td><td>Die 24/7-Verfügbarkeit (24 Stunden, 7 Tage) bezeichnet die Verfügbarkeit des Service zur Behebung von Störungen und Klärung von Anwenderproblemen.</td></tr>
</table>

E-Business-Lösungen haben insbesondere im Umfeld der Druckvorstufe und des Digitaldrucks Eingang gefunden. In der Druckvorstufe geht es insbesondere um die Ausweitung des Dienstleistungsspektrums z. B. durch die Bereitstellung von Bilddatenbanken oder Standarddrucksachen und Abstimmung von Content-Daten. Der Digitaldruck ist prädestiniert für Kleinstauflagen und hat von daher mit vergleichsweise hohen Prozesskosten in der Auftragsabwicklung zu kämpfen, die über Internet-Portale gesenkt werden können.

Wichtige Aspekte der Vernetzungsstrecke E-Business sind:

- E-Business-Lösungen müssen vermarktet werden. Es bedarf einer aktiven Herangehensweise an potenzielle Kunden. Aufgrund des relativ großen Schulungs- und Werbeaufwands für E-Business-Lösungen sollten die anvisierten Kunden einen vergleichsweise hohen Umsatz generieren, damit sich der Aufwand für beide Seiten lohnt.

- Das Ausmaß der Integration in das Anfrage- und Auftragsmanagementsystem ist ausschlaggebend für geringe Prozesskosten. Je weniger Eingriffe notwendig sind, um Aufträge abzuwickeln, umso höher ist die Wahrscheinlichkeit, dass das E-Business-Geschäftsmodell profitabel gestaltet werden kann.

- E-Business-Lösungen sollten insbesondere an die Bedürfnisse der Kunden anpassbar sein. Ein nicht ergonomisches User Interface, die Verletzung von Sicherheitsrichtlinien bzw. die Erfordernis, IT-Abteilungen von Unternehmen einzuschalten, können ein E-Business-Projekt sehr schnell zum Scheitern bringen.

- Der Bereitsteller des Internet-Portals wird zum 1st level Service für seine Kunden. Die Verfügbarkeit des Portals muss rund um die Uhr sichergestellt werden. Es stellt sich die Frage, ob der Web-Server selbst betrieben werden soll oder aber ein Provider gesucht wird, um dessen Dienste zu nutzen.

<table>
<tr><td>1st level Service</td><td>Der 1st level Service ist eine Dienstleistung, die Kunden als Anlaufstation angeboten wird, um Anwenderfragen und Probleme zu klären. Bei komplexeren Fragen kann sich der 1st level Service beim 2nd level Service Unterstützung suchen.</td></tr>
</table>

Die Definition des Auftrags wird in den Verantwortungsbereich des Kunden verlagert. Der administrative Aufwand für die Auftragsbearbeitung wird dadurch erheblich reduziert, die Kundenbindung, zumal bei Integration in das ERP-System des Kunden, deutlich erhöht.[2]

2.3.2
Auftragsvorbereitung

Im Auftragsmanagement werden Auftragstaschen erzeugt, um Produktionsdaten sowie Druckmuster etc. ergänzt und in die Druckvorstufe, den Drucksaal und die Weiterverarbeitung gebracht. Die auftragsbezogenen Aufgaben sämtlicher Kostenstellen im Produktionsprozess sind in den Auftragstaschen beschrieben. Änderungen während des Produktionsprozesses werden in die Auftragstaschen eingetragen und an das Auftragsmanagement zurückgemeldet. Ziel der Vernetzung der Auftragsvorbereitung ist die Überwindung des Medienbruchs zwischen Auftragsmanagement und Produktion. Doppeleingaben sollen vermieden, die Aktualität der Auftragstaschen verbessert und die Produktionssicherheit erhöht werden.

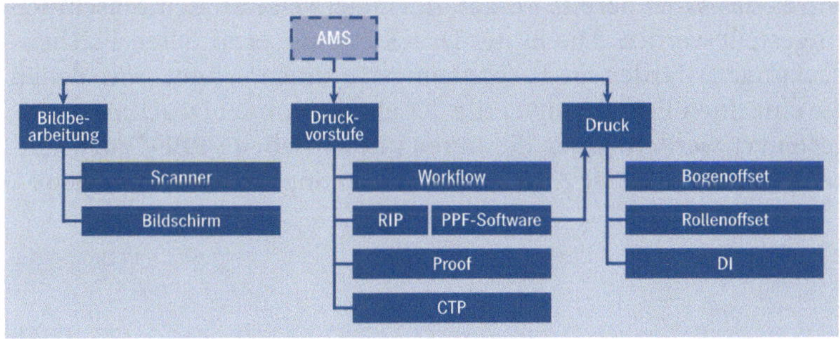

Abbildung 5
Vernetzungsstrecke
Auftragsvorbereitung

Wichtige Aspekte der Vernetzungsstrecke Auftragsvorbereitung sind:

- Einheitliche Auftragsbezeichnungen beim Druckdienstleister oder innerhalb eines Produktionsverbundes vereinfachen die Kommunikation und helfen insbesondere dort, wo aus verschiedenen Quellen auftragsvorbereitende Daten geladen werden, Fehler zu vermeiden.

---

[2] Eine Übersicht zum Thema E-Business ist in König: E-Business@Print, Springer-Verlag, 2004, zu finden.

- Wichtig ist die Vollständigkeit, Transparenz und Aktualität der Auftragstasche, sodass an jedem Arbeitsplatz zu jeder Zeit eine fehlerfreie Produktion zweifelsfrei sichergestellt ist. Die Informationen sollten auf das notwendige Maß reduziert und z. B. durch Vorschaubilder eindeutig zuzuordnen sein.

- Arbeitsvorbereitungsstationen haben Eingang in der Druckvorstufe, im Drucksaal und in der Weiterverarbeitung gefunden. Diese erhöhen den Nutzungsgrad der Produktionsressourcen und ermöglichen ein gleich bleibend hohes Qualitätsniveau auch bei unterschiedlich qualifizierten Mitarbeitern.

Über die Vernetzung können Änderungen im Auftrag oder in der Bearbeitung, z. B. aufgrund einer kurzfristigen Nichtverfügbarkeit einer Maschine, den Bedienern direkt gemeldet werden. Hierfür wird die veränderte, elektronische Auftragstasche an den betreffenden Leitständen umgehend angepasst.

2.3.3
Maschinenvoreinstellung

Ziel der Maschinenvoreinstellung ist es, die Rüstzeiten und Makulatur in der Produktion zu reduzieren. Voreinstellungen müssen, wie es das Wort bereits besagt, normalerweise an den Maschinen eingestellt werden. Die in der Druckvorstufe ermittelten Flächendeckungen werden in Farbzonenwerte umgerechnet, mit denen die einzelnen Farbzonenventile der abgestimmten Druckmaschine gesteuert werden. Über die bereits beschriebene PPF-Datei können zudem die in der Ausschießsoftware angelegten Autoregister-,

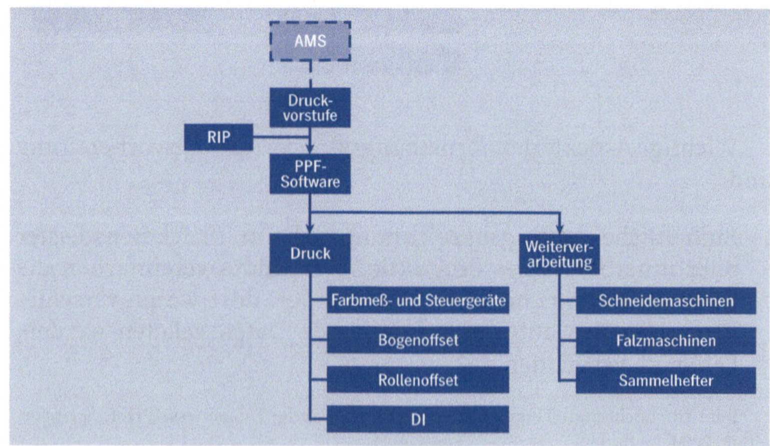

*Abbildung 6
Vernetzungsstrecke
Maschinen-
voreinstellung*

Schneid-, Falz- und Sammelheftermarken für die Voreinstellung der Druck- und Weiterverarbeitungsmaschinen verwendet werden.

Wichtige Aspekte bei der Vernetzungsstrecke Maschinenvoreinstellung sind:

- Im Auftragsmanagement und in der Druckvorstufe muss das notwendige Wissen über den Produktionsprozess vorhanden sein. Die auszuwählenden Parameter im Anfrage- und Auftragsmanagementsystem sowie dem Druckstufenworkflow sollten, um die Produktionssicherheit zu erhöhen, auf die tatsächlich zur Verfügung stehenden Varianten beschränkt sein. Falsche Voreinstellungen sparen keine Arbeitszeit, sondern führen zu Problemen.

- Um zu vermeiden, dass Voreinstellungen in der Produktion falsch zugeordnet werden, sollte der Auftragsbezug sichergestellt sein. Entweder die Auftragsnummer wird manuell in der Druckvorstufe eingegeben, oder es wird eine rudimentäre Vernetzung mit dem Auftragsmanagement realisiert.

- Damit sich die Investition in die Maschinenvoreinstellung lohnt, müssen die Voreinstellmöglichkeiten der jeweiligen Maschine so umfassend sein, dass signifikant Arbeitszeit eingespart werden kann.

Das CIP3 (International Cooperation for the Integration of Prepress, Press, and Postpress)-Konsortium hatte die Aufgabe übernommen, das Print Production Format PPF zu pflegen und zu verbreiten. www.cip4.org

CIP3

Die Maschinenvoreinstellung ist bereits seit 1997 mit dem herstellerunabhängigen PPF-Format des CIP3-Konsortiums möglich und hat sich spätestens mit der Verbreitung von CTP ab 1999 durchgesetzt. Andere Maschinenvoreinstellungen beruhen auf proprietären Formaten, wie beispielsweise den aus dem Anfrage- und Auftragsmanagementsystem kommenden Papier- und Bogeninformationen, die für die Voreinstellung der Saugluft und Druckbeistellung am An- und Ausleger verwendet werden.

2.3.4
Produktionsplanung und -steuerung

Ziel der Produktionsplanung und -steuerung ist die optimale Nutzung der Produktionsressourcen unter Einhaltung der vorgegebe-

nen Liefertermine. Hierzu ist es erforderlich, dass die im Auftragsmanagement erfassten Tätigkeiten strukturiert und in Produkti-
onspläne für die Druckvorstufe, den Druck und die Weiterverarbeitung übertragen werden. Gerade wenn Aufträge nicht sequenziell
abgearbeitet werden können, ist eine genaue Festlegung der Produktionsabfolge wichtig, um die Leifertermine einzuhalten. Eine
wichtige Aufgabe des Disponenten ist, die Auslastung der Druckmaschine zu optimieren. Die Druckwerke sollen so belegt werden,
dass möglichst geringe Stillstandzeiten aufgrund von Farbwechseln
anfallen. Auch soll der Drucker von ungeplanten Nebentätigkeiten,
wie z. B. dem Suchen von Platten, Papier und Farbe, entlastet werden.

Wichtige Aspekte für die Vernetzungsstrecke Produktionsplanung und -steuerung sind:

- Änderungen in der Planung müssen zeitnah an alle betroffenen
  Arbeitsplätze weitergeleitet werden. Ein Großteil der zu planen-
  den Aufträge kommt kurzfristig, Änderungen im Produktions-
  plan sind mehrmals täglich erforderlich. Die Arbeitsgänge müssen so miteinander verknüpft sein, dass sich bei Änderungen
  die Plantafel automatisch aktualisiert und konfliktfreie Arbeits-
  abfolgen ermittelt werden.

- Wartungszeiten sollen systematisch einplanbar sein, ebenso wie
  Periodika. Nicht alle Aufträge werden vorkalkuliert, es muss
  auch möglich sein, nicht vorkalkulierte Aufträge im Produktionsplanungssystem anzulegen und nicht auftragsbezogene Zeiten zu planen.

- Eine elektronische Planung muss die gesamte Produktion von
  der Druckvorstufe bis hin zur Auslieferung abbilden. Dabei
  sollte es möglich sein, datenbankbasiert separat Grob- und

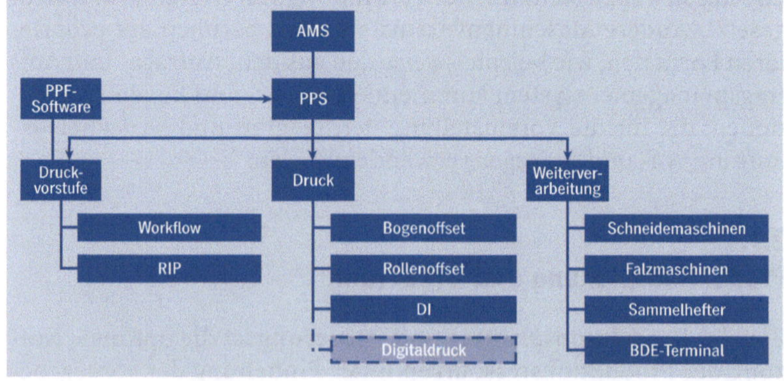

Abbildung 7
Vernetzungsstrecke
Produktionsplanung
und -steuerung

Feinplanung durchzuführen bzw. getrennt Druck und Weiterverarbeitung zu planen. Die Verfügbarkeit von Verbrauchsmaterialien wie z. B. Platten, Papier, Farbe muss dem Disponenten bekannt sein. Idealerweise sollte eine vernetzte Planung auch standortübergreifend einsetzbar sein, um Partnerunternehmen und Lieferanten mit einbeziehen zu können.

Weit verbreitet sind manuelle Planung und einfache Tabellenübersichten, weniger häufig wird die Kapazitätsplanung des Anfrage- und Auftragsmanagementsystems genutzt. Nur in den seltensten Fällen ist das Produktionsplanungs- und -steuerungssystem vernetzt und kann so in Echtzeit Daten übertragen.

2.3.5
Betriebsdatenerfassung und Nachkalkulation

Betriebsdatenerfassung und Nachkalkulation liefern das Zahlenmaterial, mit dem Statistiken für das betriebsinterne Controlling erstellt werden. Während in der Druckvorstufe vor allem Arbeitszeiten und der Materialverbrauch von Interesse sind, interessiert im Drucksaal und in der Weiterverarbeitung insbesondere, welche Kostenstelle wie lange belegt worden ist. Über die gewonnenen Kennzahlen wird der Druckdienstleister gesteuert. Grundsätzlich gilt dabei: Je mehr Daten erfasst werden, umso besser können die Prozesse überwacht werden. Die zeitnahe und umfassende Bereitstellung der Kennzahlen spielt darüber hinaus für das Rating im Rahmen von Basel II[3] eine immer größere Rolle.

Das Rating ist eine Bewertung der Kreditwürdigkeit von Staaten, Institutionen, Unternehmen. Diese beschreibt die Fähigkeit des Kreditnehmers, seinen in der Zukunft liegenden Zahlungsverpflichtungen nachzukommen. Ein gutes Rating hilft, die Finanzierungskosten niedrig zu halten.	*Rating*
Basel II regelt die Risikoüberwachung der Banken bei Kreditvergabe durch die Bankenaufsicht. Für jeden Kreditnehmer wird zukünftig ein individuelles Rating durchgeführt. Kreditnehmer erhalten in der Folge Fremdkapital zu Zinssätzen, die das unterschiedliche Risiko der Kapitalvergabe berücksichtigt. Basel II soll 2006 offiziell eingeführt werden.	*Basel II*

---

[3] Vgl. z. B. Walter, Gerberich: Basel II. Schriftenreihe: Konzepte und Lösungen, Bd. 1, hrsg. von Heidelberger Druckmaschinen AG, 11/02

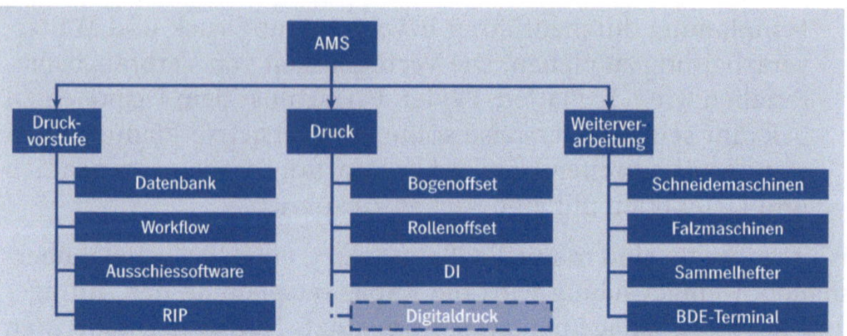

Abbildung 8
Vernetzungsstrecke
Betriebsdatenerfassung
und Nachkalkulation

Wichtige Aspekte der Vernetzungsstrecke Betriebsdatenerfassung und Nachkalkulation sind:

- Das Auslesen von Maschinendaten hilft, zuverlässige und zeitnahe Daten für die Nachkalkulation zu sammeln. In der Praxis aber hat sich gezeigt, dass robuste Mechanismen implementiert sein müssen, die verhindern, dass durch Fehlbedienungen offene Buchungen in der Nachkalkulation entstehen. Ggf. ist die Erhebung von Maschinendaten zustimmungspflichtig und daher mit dem Betriebsrat abzustimmen.

- Das Erfassen von Betriebsdaten ist überall dort notwendig, wo keine Maschinendaten erfasst werden können bzw. kein Auftragsbezug besteht, der für die Nachkalkulation zwingend erforderlich ist. Die Betriebsdatenerfassung ergänzt damit die Maschinendatenerfassung. Dies ist beispielsweise beim Maschinenstillstand der Fall, bei manuellen Arbeitsplätzen in der Weiterverarbeitung und im Versand.

- Darüber hinaus ist die Vernetzung des Anfrage- und Auftragsmanagementsystems mit dem Finanzbuchhaltungssystem sinnvoll, um den Zahlungsverkehr mit den Banken, die Lohnabrechnungen und den Jahresabschluss automatisch abwickeln zu können. Die Lohnabrechnung ist in der Regel Bestandteil der Finanzbuchhaltungssoftware, die über Schnittstellen aus dem AMS die notwendigen Daten erhält.

In den letzten Jahren haben BDE-Terminals zunehmend Verbreitung gefunden. Im Drucksaal ist die Maschinen- und Betriebsdatenerfassung mittlerweile so weit ausgereift, dass eine aussagekräftige Nachkalkulation mit Eingaben auf den Leitständen realisiert werden kann. In der Druckvorstufe entsteht erst mit der neusten Workflow-Generation die Möglichkeit, Maschinendaten auszulesen.

2.3.6
Farbworkflow

Nicht nur in global agierenden Unternehmen mit mehreren Standorten muss die Farbkonstanz von der digitalen Vorlage bis hin zum Druck garantiert sein. Auch bei kleineren Unternehmen ist die Sicherung einer vorhersagbaren, gleich bleibenden Farbqualität ein absolutes Muss, um im Wettbewerb bestehen zu können.

Hierfür wird das Farbmanagement benötigt, das einen einheitlichen optischen Eindruck auf den verschiedenen Ausgabegeräten (Scanner, Bildschirm, Proofer, Druckmaschine) entstehen lässt. Dabei ist es (fast) unerheblich, welche Materialien, Geräte und Maschinen verwendet werden, sofern diese nur kalibriert und profiliert sind.

Wichtige Aspekte bei der Vernetzungsstrecke Farbworkflow sind:

- Der Druckdienstleister muss eine hohe Bereitschaft zur Standardisierung seiner Abläufe mitbringen, da nur so stabile Prozesse mit einem vertretbaren Aufwand sichergestellt werden können. Statt einer Vielzahl von Produktionsressourcen und -Prozessen sollten wenige Standardabläufe gewählt werden.

- Für die Umsetzung von vernetzten Farbworkflows ist es zudem unerlässlich, dass diese Abläufe konsequent eingehalten werden. Eine gleich bleibende Farbqualität kann nur erreicht werden, wenn sich die Rahmenbedingungen im Toleranzbereich bewegen. Die unternehmenseigenen Richtlinien bezüglich Kalibrierung, Farbe, Papier und Gummituchwechsel sind unbedingt einzuhalten. Auftretende Prozessabweichungen müssen an deren Ursprung geregelt werden und dürfen nicht durch den Drucker ausgeglichen werden.

- Der Erfolg des vernetzten Farbworkflows ergibt sich aus der Einsparung an Makulaturbögen und Reklamationen, nicht aber aus

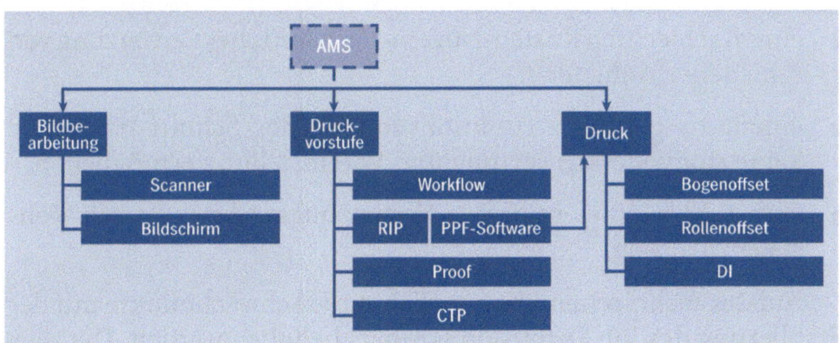

Abbildung 9
Vernetzungsstrecke
Farbworkflow

einem „besseren" Druck. Die Erfolgswahrscheinlichkeit hängt entscheidend von der Ausgangssituation und dem Produktprogramm des Unternehmens ab.

Eine interessante Möglichkeit eröffnet sich durch die Verbindung der spektralphotometrischen Messgeräte, die den gesamten Bogen bzw. den Farbkontrollstreifen ausmessen, mit den aus der Druckvorstufe kommenden Referenzwerten. Die digitalen Referenzwerte werden mit den Messwerten verglichen und die Farbzonenventile der Druckmaschine entsprechend nachgeregelt.

2.4
Warum ist Prozessintegration in der Vergangenheit oft gescheitert?

Die dargestellten Vernetzungsstrecken zeigen erhebliche Potenziale für die Optimierung des Produktionsprozesses und der Senkung der Prozesskosten auf. Ansätze zur Vernetzung von Druckdienstleistern gibt es schon seit längerem. Die Anbieter Creo mit Networked Graphic Production, die Heidelberger Druckmaschinen AG mit Prinect sowie MAN Roland mit PeCom und der Arbeitsgemeinschaft PrintCity bieten schon seit einiger Zeit Lösungen an, die die Vernetzung des Auftragsmanagements mit der Produktion ermöglichen.

Allerdings haben diese Ansätze, sieht man einmal von der Farbzonenvoreinstellung von Druckmaschinen ab, bislang noch keinen großen Erfolg gehabt. Dies liegt vor allem an

- der mangelnden Marktreife verschiedener Integrationsszenarien,

- zu vielen proprietären, nicht kompatiblen Schnittstellen,

- einem erheblichen Integrations-, Test- und Installationsaufwand für die zahlreichen proprietären Schnittstellen,

- einem schlechten Kosten-Nutzen-Verhältnis bei Vernetzung verschiedener Anbieter,

- einem zu geringen Funktionsumfang der Schnittstellen, die keine sinnvolle Auswertung und Voreinstellung ermöglichen,

- dem Fehlen einer zentralen Vernetzungsarchitektur mit Konsistenzprüfung.

Auf der technischen Ebene sollen diese Schwachpunkte mit der Etablierung des Job Definition Formats behoben werden. Die Her-

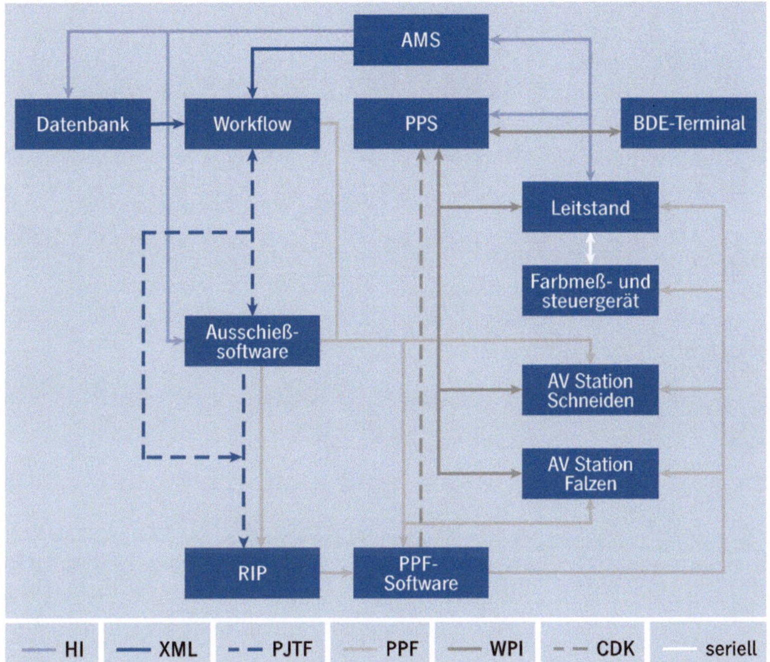

Abbildung 10
Schnittstellenvielfalt
einer Vernetzung,
die nicht auf JDF basiert

steller der Printmedien-Industrie haben sich auf den Weg gemacht, eine praxisgerechte Lösung zu finden, die die sehr heterogenen Produktionsstrukturen der Printmedien-Industrie berücksichtigt. Bis die Hersteller allerdings die letzten „Kinderkrankheiten" der Vernetzungslösungen behoben haben und den Druckdienstleister kompetent und übergreifend beraten können, wird es noch eine Weile dauern.

3 Job Definition Format

Das Konzept für den neuen Industriestandard JDF wurde auf der Seybold-Konferenz im Frühjahr 2000 von Adobe, Agfa, der Heidelberger Druckmaschinen AG und MAN Roland präsentiert. Mit der Definition von JDF wird die Idee eines einheitlichen, herstellerunabhängigen und umfassenden Datenformats für die Printmedien-Industrie verfolgt.

- JDF ermöglicht die enge Verzahnung von betriebswirtschaftlichen und produktionsorientierten Aspekten,

- JDF bietet eine verständliche und durchgängige Struktur für den gesamten Workflow,

- JDF erlaubt eine durchgängige Produktionssteuerung auch über Unternehmensgrenzen hinweg,

- JDF schafft transparente Abläufe durch Protokollierung der relevanten Soll- und Istdaten,

- JDF baut auf die bestehenden Formate PPF, PJTF sowie IFRA-track auf,

- JDF ist internetfähig.

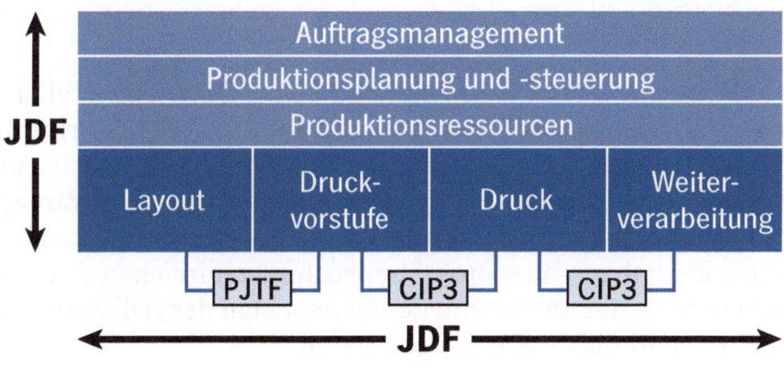

Abbildung 11
Der JDF-Workflow

JDF ermöglicht sowohl die bislang über das PJTF und PPF realisierte, horizontale Integration als auch die vertikale Integration zwischen Auftragsmanagement, Produktionsplanung und -steuerung sowie den Produktionsressourcen. Die Vielzahl der existierenden Standards wird auf einen einzigen Industriestandard zusammengeführt.

JDF wirkt gleichzeitig integrierend auf die verschiedenen Marktsegmente der Printmedien-Industrie. So findet auch das im Zeitungsdruck für Meldungen gebräuchliche IFRAtrack Eingang in den neuen Standard. Waren früher im Akzidenzdruck herstellerspezifische Standards gebräuchlich, so werden zukünftig Meldungen im Zeitungs- wie im Akzidenzdruck über einen gemeinsamen Standard abgesetzt.

Durch Schaffung eines einheitlichen und umfassenden Standards wird der Entwicklungs- und Implementierungsaufwand für Vernetzungslösungen erheblich reduziert. Druckdienstleister können, ohne Abstriche bei der Vernetzungsfähigkeit machen zu müssen, Softwareapplikationen unterschiedlicher Hersteller einsetzen.

JDF wird vom CIP4-Konsortium gepflegt und weiterentwickelt. Dem CIP4-Konsortium gehören inzwischen über 200 Hersteller, Organisationen und Druckdienstleister an, die den Standard vorantreiben und sich der Idee verschrieben haben, JDF-fähige Produkte auf den Markt zu bringen.

Mit dem JDF wird in Analogie zum PDF ein erheblicher Umbruch in Gang gesetzt, der massiven Einfluss auf die Printmedien-Industrie haben wird. Die Spezifikation des JDF ist Grundlage für die Entwicklung neuer, vernetzungsfähiger Softwareapplikationen und Maschinen. Das JDF ist heute ein sehr mächtiger, aber noch kein abgeschlossener Standard. In zahlreichen Arbeitsgruppen wird weiter an verschiedenen Aspekten des JDF gearbeitet, um die Anwendungsbreite zu optimieren.

Diese Kapitel vermittelt das für die Umsetzung von Vernetzungsprojekten erforderliche Wissen über das Job Definition Format. Darüber hinaus ist die Frage nach der Durchsetzung eines einheitlichen Standards durch das CIP4-Konsortium sowie das Zusammenwirken mit anderen, in die Printmedien-Industrie hineinwirkenden Standards von Interesse. Schließlich soll die häufig gestellte Frage nach der Sicherheit des Job Definition Formats geklärt werden.

3.1
Wer muss wie viel vom JDF verstehen?

JDF ist eine komplizierte Angelegenheit. Die Beschreibung des Standards nimmt in der Spezifikation 1.2 bereits über 700 Seiten ein, die mit der Weiterentwicklung des Standards sicherlich noch umfangreicher wird. Von daher stellt sich die Frage, wer wie viel vom JDF verstehen muss.

- Der *Softwareentwickler* muss die JDF-Strukturen tiefgreifend verstehen, um moderne Softwarestrukturen und Produkte zu entwerfen, die einem JDF-Workflow gerecht werden.

- Der *Programmierer* muss in der Lage sein, entweder die Spezifikation zur Programmierung einer JDF-Schnittstelle zu nutzen oder die vom CIP4-Konsortium zur Verfügung gestellten Bibliotheken verwenden zu können.

- Der *Anwender* soll JDF-basierte Lösungen einsetzen, ohne JDF im Einzelnen verstehen zu müssen.

- Der *Entscheider* benötigt Hintergrundwissen über das JDF für Investitionsentscheidungen. Dieses Wissen soll ihn in die Lage versetzen, angebotene Vernetzungslösungen kritisch zu hinterfragen.

- Der *Berater* muss in der Lage sein, das Zusammenwirken von JDF-Schnittstellen verschiedener Anbieter zu verstehen und eine auf den jeweiligen Betrieb zugeschnittene, sinnvolle Vernetzungsarchitektur vorschlagen können. Der Berater muss zudem einzelne Softwareapplikationen auf ihre Eignung innerhalb des Vernetzungskonzepts prüfen und ein tragfähiges Vernetzungskonzept erstellen können.

3.2
Grundsätzliches zum JDF

Zum JDF ist in letzter Zeit einiges geschrieben worden, und dennoch bestehen Unklarheiten. Ist JDF ein Standard, eine Architektur oder eine Softwareapplikation, die die Vernetzung von Druckdienstleistern ermöglicht? Ist JDF ein Standard und damit herstellerübergreifend oder gibt es herstellerspezifische Ausprägungen des JDF? In den vergangenen vier Jahren sind teilweise überzogene Erwartungshaltungen gegenüber dem JDF aufgebaut worden, die es zu korrigieren gilt. Deshalb soll an dieser Stelle kurz aufgezeigt werden, was JDF leisten bzw. nicht leisten kann:

- JDF ist ein standardisiertes Datenaustauschformat zur umfassenden Spezifikation und Handhabung von Aufträgen, entsprechend ist das Job Definition Format auftragsbezogen angelegt. Nicht auftragsbezogene Daten lassen sich damit nicht oder nur indirekt abbilden.

- JDF basiert auf XML und kennt damit keine Begrenzung von Feldlängen der übermittelten Daten. Dies ist keine Einschränkung des JDF, bereitet jedoch einigen Softwareanbietern Probleme, deren ältere Produkte solche Beschränkungen haben.

- Da das JDF relativ neu ist, gibt es verständlicherweise noch einige Einschränkungen und definitorische Lücken, die in den nächsten Versionen schrittweise behoben werden.

- JDF ist keine Softwarearchitektur und legt auch keine solche fest. JDF ist auch kein Softwareprodukt, keine Datenbank und schon gar nicht eine Benutzeroberfläche mit fest definierten Eingabefeldern.

XML   Die eXtensible Markup Language (XML) ist eine vom W3C standardisierte Metasprache zum Definieren von Dokumenttypen. Diese erweiterbare Metasprache ist plattform-, applikations-, sprachen- und domainunabhängig. Das W3C wurde gegründet, um für das World Wide Web Protokolle zu entwickeln, die den problemlosen Austausch von Daten sicherstellen. www.w3c.org

Nur wenige Anbieter können es sich leisten, in einem Zuge komplett neue JDF-Workflows zu entwickeln. Deshalb wird es gerade in den nächsten Jahren noch Produkte geben, die die Möglichkeiten von JDF nur teilweise nutzen. Dies erschwert die Investitionsentscheidungen, da für den Käufer unklar bleiben dürfte, in welchem Umfang JDF tatsächlich unterstützt wird.

3.2.1
Schnittstellen

Damit die Datenübertragung von JDF zuverlässig funktionieren kann, ist eine erhebliche Normung auf mehreren informationstechnischen Ebenen erforderlich. Das OSI-7-Schichten-Modell zeigt diese Systematik.

Die „Open Systems Interconnection" (OSI) ist eine Arbeitsgruppe der „International Organization for Standardization" (ISO), die zuständig für die Ausarbeitung von Standards und Protokollen für die Datenübertragung in digitalen Netzen ist. *OSI*

Jede der Schichten soll unabhängig implementiert sein, damit ein Austausch der Mechanismen auf einer Schicht, z. B. Tausch von Kupferkabel gegen Lichtwellenleiter, keinen Einfluss auf die darunter und darüber liegenden Schichten hat. Damit wird eine kompatible, auf die Zukunft ausgerichtete Schnittstellenarchitektur erreicht.

Standardschnittstellen auf der Basis von Hardwarestandards und Standardprotokollen ermöglichen eine sichere Kommunikation und ein einfaches Anschließen von Komponenten. Im Bürobereich haben sich in den letzten Jahren Netzwerke auf der Basis von Ethernet und TCP/IP durchgesetzt, von denen ein Anwender

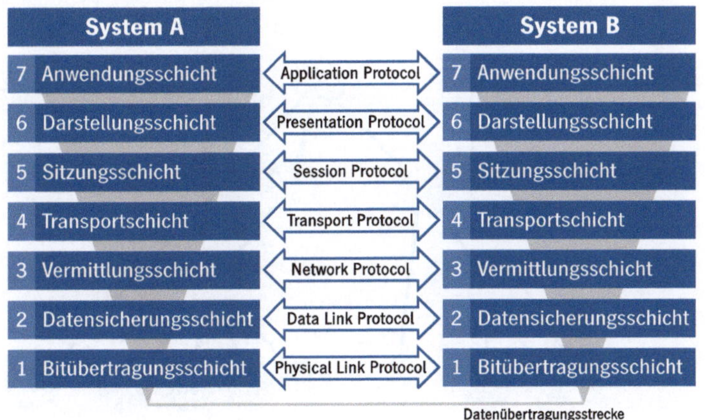

Abbildung 12
Schichten-Modell der
Kommunikationsebene

heute erwarten darf, dass er seinen PC einfach an die Steckdose anschließt, einige Parameter einstellt und dann funktioniert das Netzwerk.

Das Transmission Control Protocol/Internet Protocol (TCP/IP) hat die Aufgabe, Daten in verteilten Netzwerken zu übertragen. IP sorgt dafür, dass Datenpakete mit Hilfe der IP-Adresse von Knoten zu Knoten weitergeleitet werden. TCP stellt sicher, dass die Datenübertragung korrekt und vollständig erfolgt.

Die beschriebene Systematik gilt ebenso für Softwareschnittstellen. Heute bieten moderne Techniken wie z. B. XML gute Möglichkeiten, universelle Schnittstellen auf einer genormten Grundlage zu definieren. Die XML-Dateien können dann über genormte Übertragungsmedien versendet werden.

3.2.2
Wie funktioniert JDF?

Charakteristisch für das Job Definition Format ist die Baumstruktur, in der die Produkt- und Prozessstruktur eines Auftrags in der hierarchischen Beziehung einzelner JDF-Knoten abgebildet werden kann. Ausgangspunkt ist die in der Anfrage bzw. dem Auftrag enthaltene Produktbeschreibung des Kunden. Beispielhaft soll eine DIN-A4-Broschüre mit 16 Farb- und 4 s/w-Seiten bei einer Auflage von 2000 Stück produziert werden. Die digitalen Content-Daten werden angeliefert.

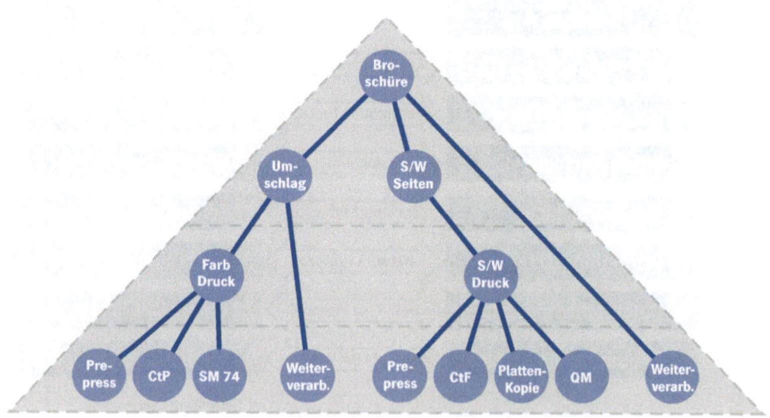

Abbildung 13
JDF-Baum

Die Baumstruktur ermöglicht auch die Abbildung serieller, paralleler, überlappender und iterativer Prozesse in beliebiger Kombination über verteilte Standorte hinweg. Die hierfür benötigten JDF-Elemente und ihr Zusammenwirken werden nachfolgend vorgestellt.

Stammdaten, wie z.B. die Kundenstammdaten Adresse, Ansprechpartner, Telefon, E-Mail, werden in der Regel zusammen mit einem genauen Kundenprofil in einer Datenbank abgelegt und gepflegt. Im JDF können die für den jeweiligen Auftrag relevanten Kundendaten in ein JDF-Element namens *CustomerInfo* eingebunden werden. Damit stehen diese bei der Angebotserstellung, bei der Abstimmung eines Prüfbogens oder bei der Auslieferung des fertigen Produktes zur Verfügung.

Mit der die Kundensicht widerspiegelnden *Produktstruktur* wird beschrieben, was gefertigt werden soll. Hierzu werden Angaben zur gewünschten Papiersorte, Druckqualität, Art der Bindung, Auflage, Format etc. gemacht. Eine rudimentäre Produktbeschreibung kann bereits mit Angebotsanfrage des Kunden z.B. über ein Internet-Portal erzeugt und als JDF an das Anfrage- und Auftragsmanagementsystem übergeben werden. Damit stehen diese Daten bei Auftragsvergabe bereits strukturiert als JDF zur Verfügung. Mit der Produktbeschreibung wird im JDF eine Baumstruktur aufgebaut. Das Produkt und seine Teilprodukte werden in der Produktstruktur als Produktknoten bezeichnet. Für Standardprodukte, die häufiger gefertigt werden, können JDF-Templates mit entsprechender Struktur der Produktknoten archiviert und dem Anwender als Vorlage zur Verfügung gestellt werden.

Im Auftragsmanagement wird aus der Produktbeschreibung die *Prozessstruktur* entwickelt. Die Prozessstruktur beschreibt, wie das Produkt gefertigt werden soll. Hierzu wird im Auftragsmanagement festgelegt, welche Scans und Proofs benötigt werden, welche Platte produziert, auf welchen Maschinen, in welcher Reihenfolge gedruckt, geschnitten und gefalzt werden soll. Je nach Arbeitsteilung verfeinern die Arbeitsvorbereitung und der Disponent die Prozessstruktur weiter. Dazu werden alle Prozesse, die zur Fertigung der Teilprodukte nötig sind, ermittelt und in eine Produktionsabfolge gebracht. Die Fertigungsabschnitte werden in der Prozessstruktur ebenfalls als Knoten bezeichnet. Einzelne Prozesse wie z.B. Falzen, Binden und Schneiden können hierarchisch bestimmten Prozessgruppen, z.B. der Weiterverarbeitung, zugeordnet werden. Zur Arbeitserleichterung sollte die Prozessbeschreibung möglichst als vorhandenes JDF-Template geladen und ggf. modifiziert werden. Wenn nötig, kann dieses natürlich auch komplett neu erzeugt werden.

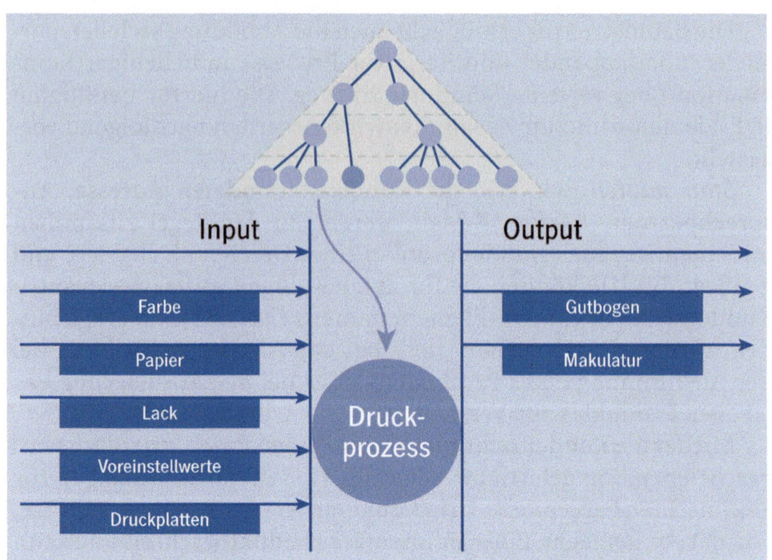

Abbildung 14
Prozessmittel

Zur Ausführung der einzelnen Produktionsprozesse werden verschiedene *Prozessmittel* wie Farbe, Papier, Lack etc. eingesetzt. In dem Prozess werden damit neue Prozessmittel wie z. B. Gutbögen und Makulatur produziert, die wiederum als Input für weitere Prozesse benötigt werden. In der Baumstruktur von JDF werden diese als *Ressource* bezeichnet, wobei im JDF damit auch digitales Material, beispielsweise eine PDF-Datei, Maschinenparameter und ICC-Profile, die im JDF referenziert werden, gemeint sein können. Einige Prozesse können eine Freigabe erfordern, bevor der Prozessweg fortgesetzt werden darf. Nach einem Proofprozess kann z. B. eine (digitale) Unterschrift des Kunden als *Ressource* für den noch folgenden Prozess gefordert werden.

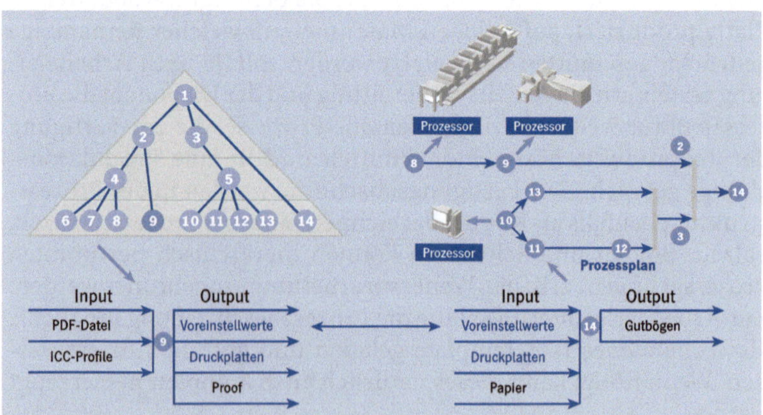

Abbildung 15
Prozessablauf

Der *Prozessablauf* der zur Herstellung des Produktes nötigen Prozesse wird durch die Baumstruktur des JDF festgelegt. Verweise beschreiben den Weg der Ressourcen durch die Baumstruktur und definieren damit die Fertigungsreihenfolge. Im JDF werden diese Verweise als *RessourceLink*-Elemente beschrieben.

Die *Prozessbeschreibung* wird vom Auftragsmanagement und der Arbeitsvorbereitung in einem *NodeInfo*-Element hinterlegt. Dieses *NodeInfo*-Element ist in der JDF-Baumstruktur in jedem Knoten enthalten und beinhaltet alle logistischen Informationen, die zur Ausführung des Knotens nötig sind. In erster Linie geht es dabei um genaue Prozesszeiten. Im *NodeInfo* kann auch festgelegt werden, welche Konsequenzen z. B. eine Zeitüberschreitung für den weiteren Prozessablauf hat. Weiter wird im *NodeInfo* bestimmt, welche Maschine oder welcher Mitarbeiter den Prozess ausführen soll. Da JDF modular aufgebaut ist, kann die Prozessbeschreibung zu jeder Zeit geändert werden.

Nach Abschluss eines jeden Bearbeitungsabschnittes werden die relevanten Kennzahlen im JDF protokolliert. In der JDF-Baumstruktur ist dafür das *AuditPool*-Element zuständig, das an dem jeweiligen JDF-Knoten angehängt wird.

Von *AuditPool*-Elementen können u. a. folgende Ereignisse aufgezeichnet werden:

- Entstehung und Veränderung eines JDF-Knoten,

- aktuelle Daten über den Produktionsablauf und Ressourcenverbrauch,

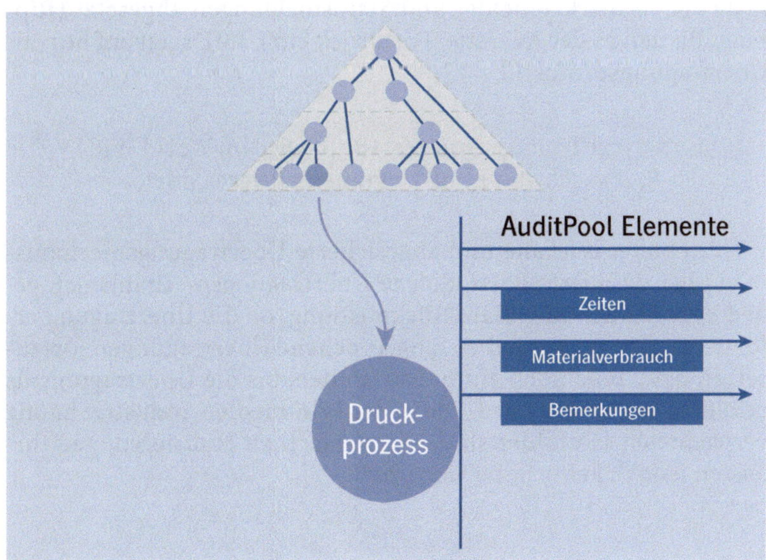

Abbildung 16
AuditPool-Elemente

- Verfügbarkeit von Ressourcen, Verteilen und Zusammenführen von *Ressourcen*,

- bei der Bearbeitung bzw. Simulation erkannte Fehler im JDF, wie z.B. unnötige *RessourceLinks*, falsch verbundene *Ressourcen*, fehlende *Ressourcen* oder fehlende Verbindungen, die durch ein Benachrichtigungselement oder bereits während eines Testlaufes entdeckt werden konnten,

- Prozessstart- und -endzeiten, Rüstzeiten und Unterbrechungen sowie Mitarbeiterwechsel,

- ungeplante Ereignisse bzw. Probleme bei der Abarbeitung eines Prozessknotens.

AuditPool-Elemente haben Dokumentationscharakter und lassen nach Abbruch bzw. Abschluss des Prozesses keine nachträglichen Änderungen mehr zu. Sie können allerdings jederzeit ausgelesen und ausgewertet werden.

3.2.3
Job Messaging Format (JMF)

Das Job Messaging Format (JMF) dient der Übertragung von Nachrichten und ergänzt das Job Definition Format. Während der laufenden Produktionsprozesse können aktuelle Informationen definiert über JMF ausgetauscht werden. So werden über das JMF Auftragslisten angelegt, die Fähigkeiten der Geräte (Auflösung, Formate etc.) zurückgemeldet und Statusmeldungen abgesetzt (Ripping, Platten in der Kassette, Fortdruck etc.). JMF setzt auf http als Übertragungsprotokoll.

http Das Hypertext Transfer Protocol (http) wird im World Wide Web für den Austausch von html-Dokumenten verwendet.

http bietet zeitnahe und abgesicherte Übertragungsmechanismen über definierte Ports. Solche Übertragungsmechanismen geben dem Sender eine klare Rückmeldung, ob die Übertragung erfolgreich war, und erlauben, abgebrochene Übertragungen fortzusetzen bzw. Teile noch einmal zu senden, bis die Übertragung als erfolgreich bestätigt wird. Die in der Printmedien-Industrie häufig verwendeten Hotfolder sind zwar einfach zu realisieren, gewährleisten jedoch keine hohe Sicherheit.

3.2.4
Private Sections

Private Sections erlauben zusätzliche, herstellerspezifische Funktionalitäten, die mit dem JDF-Standard nicht vorgesehen sind, innerhalb eines JDF zu kodieren und zu übertragen.

> Private Sections sind herstellerspezifische, XML-basierte Kodierungen, die nicht im JDF-Standard enthalten sind. Andere Hersteller können die in den Private Sections abgelegten Informationen i. d. R. nicht lesen bzw. verarbeiten.

Private Sections können genutzt werden, um noch vorhandene definitorische Lücken des Job Definition Format temporär zu überbrücken. Funktionalitäten, die noch keinen Eingang in den Standard gefunden haben, lassen sich damit innerhalb der JDF-Baumstruktur umsetzen, bis sie im JDF-Standard aufgenommen sind.

Einige Softwareapplikationen missbrauchen JDF auch als Verpackung für proprietäre Schnittstellen, die dann in einer Private Section kodiert sind. Vor solchen Produkten kann nur gewarnt werden, da damit keinerlei Kompatibilität zu anderen Produkten, die sich an den Standard halten, gegeben ist. Ein JDF-Workflow muss deshalb in der Lage sein, den Private-Section-Anteil zu ignorieren, ohne dass deswegen der Prozess abgebrochen wird.

3.3
Durchsetzung des JDF durch CIP4

Um JDF in der Printmedien-Industrie durchzusetzen, ist ein großes Maß an Einheitlichkeit erforderlich. Aus diesem Grund hat das CIP4-Konsortium verschiedene Maßnahmen getroffen, die zum einen die Bemühungen der Hersteller unterstützen, JDF-Schnittstellen zu entwickeln, zum anderen verhindern sollen, dass sich Untermengen des JDF etablieren, und damit die herstellerübergreifende Verwendbarkeit des JDF unterlaufen wird.

Das CIP4-Konsortium stellt seinen Mitgliedern freie Open Source Libraries für die Programmiersprachen C++ und Java zur Verfügung. Diese Bibliotheken sollen es den Softwareentwicklern der Hersteller erleichtern, JDF-Applikationen zu schreiben, die Entwicklungszeiten zu reduzieren und damit Kosten zu sparen. Weiter kann die Verwendung gemeinsamer Bibliotheken sicherstellen, dass JDF immer gleich interpretiert wird.

Um Abweichungen vom JDF-Standard zu identifizieren und möglichen Tendenzen zu nicht standardkonformen Ausprägungen des JDF entgegenzuwirken, haben das CIP4-Konsortium und die Graphic Arts Technical Foundation (GATF) im Januar 2004 eine Vereinbarung über die Zertifizierung von JDF-Lösungen unterzeichnet. Gemäß dieser Vereinbarung werden Verfahren und Werkzeuge für die Zertifizierung von JDF-Schnittstellen entwickelt und gleichzeitig mit den ,Interoperability Conformance Specifications' (ICS) Standards für die Zertifizierung verschiedener Klassen von Devices geschaffen. Eine solche Zertifizierung ist ein wesentlicher Schritt, um eine herstellerübergreifende, standardisierte Kommunikation zu etablieren.

Die Zertifizierung kann die Konformität der JDF-Schnittstellen belegen, nicht aber das optimale Zusammenwirken der Produkte.

3.4
Zusammenhang mit anderen Standards der Printmedien-Industrie

Neben JDF gibt es eine Reihe von bestehenden bzw. kürzlich entstandenen Industriestandards, die die Bedürfnisse verschiedener Marktsegmente und Prozesse abdecken. Daneben existieren proprietäre und industriefremde Standards, die in die Printmedien-Industrie hineinwirken. Für den Erfolg von JDF ist es zentral, dass diese Standards entweder von JDF abgelöst werden oder aber JDF ergänzen. Ziel muss es sein, einen Industriestandard zu haben, der eine durchgängige Kommunikation innerhalb der Branche ermöglicht.

3.4.1
JDF und PPF, PJTF, IFRAtrack

JDF ist eine evolutionäre Erweiterung der existierenden Standards Print Production Format (PPF) des CIP3-Konsortiums und des Portable Job Ticket Format (PJTF) von Adobe sowie des Job Messaging über IFRAtrack der IFRA. Für Druckdienstleister, die bereits über eine Teilvernetzung auf Basis eines dieser Formate verfügen, wird es relativ einfach sein, auf JDF-Schnittstellen umzustellen. JDF baut auf den genannten Standards auf und übernimmt deren Funktionsumfang. Die im CIP4-Konsortium zusammengeschlossenen Hersteller stellen die Rückwärtskompatibilität sicher.

3.4.2
JDF und Print Talk

Print Talk ist eine Initiative von E-Business- und AMS-Anbietern der Printmedien-Industrie, die sich zum Ziel gesetzt haben, den digitalen Datenstrom zwischen Kunde und Druckdienstleister zu definieren. Damit die Prozesse zwischen Kunde und Druckdienstleister automatisch abgewickelt werden können, ist die Integration in den neuen Industriestandard JDF sinnvoll. Print Talk und CIP4 haben sich verständigt, dass beide Welten eng miteinander zusammenhängen und von daher kompatibel sein sollen. Die Print-Talk-Spezifikationen sind um JDF „herumgebaut" und basieren auf cXML, einem modifizierten XML-Standard. Von Print Talk wurden wesentliche Erweiterungen des JDF für den elektronischen Austausch von Daten initiiert.

Die commerce eXtensible Markup Language (cXML) ist eine Abart von XML. Dieses weit verbreitete Protokoll liefert einen Standard für Kommunikation und Zahlungsströme zwischen Kunde und Hersteller. www.cXML.org

cXML

3.4.3
JDF und PDF/X3

PDF ist ein sehr vielseitiges Datenformat, das für Internet, CD-ROM, Druckvorstufe und vieles mehr geeignet ist. Die vielfältigen Einstellungsmöglichkeiten des PDF sind für die Druckvorstufe ein großes Problem, da damit Content-Daten angeliefert werden können, die nicht den Produktionserfordernissen entsprechen. Diese führen in der Druckvorstufe zu einem Mehraufwand, der nur zum Teil dem Kunden in Rechnung gestellt werden kann.

Portable Document Format/X3 (PDF/X3) ist eine Untermenge des PDF, die den Funktionsumfang des PDF einschränkt und damit die Produktionssicherheit erhöht.

PDF/X3

Benötigt wird eine Reduzierung der Einstellungsmöglichkeiten, um ein 100 % produzierbares und vollständiges PDF sicherzustellen. Aus diesem Grund wurde der PDF/X3-Standard mit der ISO-Norm 15930-3 geschaffen. PDF/X3 ist mit jedem Original-Level3-RIP ohne Probleme belichtbar. Preflight-Checking-Programme stehen zur Verfügung, um die Abweichungen vom Standard anzuzeigen und ggf. zu reparieren. PDF/X3 ergänzt als Format für die Content-Daten hervorragend das Job Definition Format.

3.4.4
JDF und PPML/VDX

Parallel zum Entwurf des Job Definition Formats wurde von der Print-on-Demand-Initiative (PODi) ein neuer XML-basierter Standard für den variablen Datendruck in der Printmedien-Industrie vorgelegt.

PODi

> Die Print-on-Demand-Initiative (PODi) ist eine Initiative namhafter Hersteller der Printmedien-Industrie, um den Markt für Digitaldruck zu entwickeln. PODi unterstützt die Verbreitung des PPML/VDX (Personalized Print Markup Language) Standards für den Digitaldruck. www.podi.org

PPML/VDX ist ein digitaler, interaktiver Container, der alle Parameter für variable Druckaufträge objektorientiert aufnimmt. Während PDF seitenorientiert Druckdaten bereitstellt, können mit PPML/VDX einzelne Objekte einer Seite definiert werden. Daher ist es nicht mehr wie bei PDF notwendig, ganze Seiteninhalte zu versenden. Stattdessen können einzelne Objekte zur Druckmaschine gesandt werden und einen Namen zugewiesen bekommen, sodass zu jeder Zeit vom Druckerspeicher aus auf sie zugegriffen werden kann. Zwischen JDF und PPML/VDX gibt es Überschneidungen, die nach und nach harmonisiert werden sollen.

3.4.5
JDF und EDIFACT

Kunden aus der Industrie stellen vermehrt an Druckdienstleister die Anforderung einer vollautomatischen Auftragsabwicklung. Bestellungen sollen direkt aus dem ERP-System (z. B. von SAP) an den Druckdienstleister gesandt werden können, ohne dass Aufträge ausgedruckt und versandt werden müssen. Internet-Portale sind in diesem Fall aus Handhabungs- und Sicherheitsgründen nicht erwünscht. Eine der möglichen, für den Datenaustausch in Frage kommenden Schnittstellen ist das EDIFACT. Die Vernetzung mit den ERP-Systemen des Kunden ermöglicht in Verbindung mit Digitaldruckmaschinen eine sehr effiziente Just-in-time-Produktion.

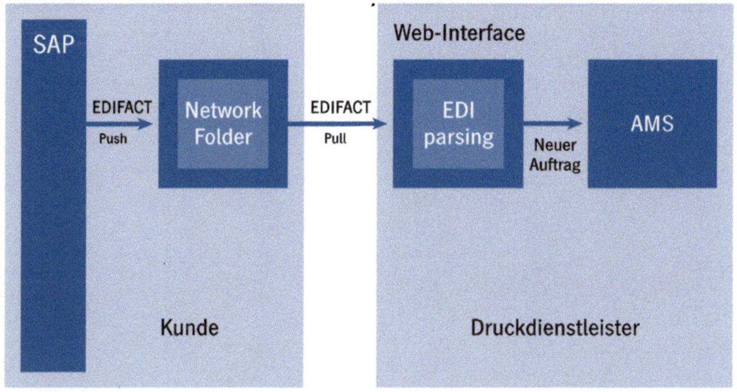

Abbildung 17
SAP-Interface zu JDF

Ein derartiges Datenformat wird in eine JDF-Datei mittels eines JDF-Konverters umgewandelt. Bidirektionale Schnittstellen sind als Teil einer Export- oder Import-Funktion möglich. Die Programmierung des JDF-Konverters erfolgt zumeist projektspezifisch.

3.5
Wie sicher ist JDF?

JDF basiert auf XML und ist als ASCII-Datei im Klartext für jeden lesbar. Sollen solche Dateien über das Intranet oder Internet ausgetauscht werden, so müssen Verfahren eingesetzt werden, die eine hohe Sicherheit garantieren. Hierfür stehen Standardverfahren zur Verfügung. Zum einen können die Dateien vor dem Versenden verschlüsselt und nach Empfang bzw. vor der Verarbeitung wieder entschlüsselt werden. Zum anderen ist es möglich, die Dateien innerhalb eines Virtual Private Network (VPN) zu verschicken, das auch über das Internet sichere, getunnelte Verbindungen zur Verfügung stellt.

VPN

Ein Virtual Private Network ermöglicht eine abgesicherte Kommunikation im Internet bzw. Intranet. Die Teilnehmer sehen sich im globalen Netzwerk, als würden sie sich in einem lokalen Netzwerk befinden.

Sowohl mit Verschlüsselungsverfahren wie mit VPN kann das weltweite Versenden von JDF sicher gestaltet werden.

4 Vernetzungsarchitekturen

Entscheidend für den langfristigen Erfolg eines Vernetzungsprojektes ist nicht nur der Funktionsumfang der JDF-Schnittstelle, sondern auch der Datentransfer zwischen den zu vernetzenden Softwareapplikationen. Datentransfer und Datenhaltung werden mit der Vernetzungsarchitektur festgelegt. An diese sind daher u. a. folgende Forderungen zu stellen:

- klare und sichere Regelung von Datentransfer und -haltung
- Konsistenz der Daten muss gewahrt sein,
- Gewährleistung einer hohen Datenübertragungsgeschwindigkeit und kurzen Reaktionszeit,
- Vermeidung von unnötigem Datentransfer,
- fehlerfreie Funktion des Gesamtsystems auch bei Integration von Produkten verschiedener Hersteller in einem Workflow,
- robuste Mechanismen, die bei auftretenden Problemen dafür sorgen, dass Prozesse nicht abgebrochen werden.

Die sequenzielle Weitergabe von Dateien kann dieser nicht leisten. Dieses lässt sich mit dem nachfolgenden Produktionsszenario verdeutlichen: Es soll z. B. in einem Produktionsablauf ein Druckauftrag auf drei unterschiedliche Druckmaschinen aufgeteilt werden, zwei davon innerhalb des eigenen Betriebes und ein Unterauftrag bei einem kooperierenden Druckdienstleister. Die Weiterverarbeitung soll mit Teillosen überlappend auf zwei unterschiedlichen Produktionslinien durchgeführt werden, d. h., es wird bereits mit der Weiterverarbeitung begonnen, bevor alle Bögen gedruckt sind. Die Entscheidung für die zweite Weiterverarbeitungslinie erfolgt aufgrund von Terminproblemen kurzfristig durch Umplanung nach Druckbeginn. Wie sollen bei diesem Prozess ein JDF sinnvoll sequenziell durchgereicht werden?

Im Folgenden werden alternative Vernetzungsarchitekturen theoretisch erörtert und die wichtigsten Lösungsansätze verschiedener Anbieter und Initiativen vorgestellt.

4.1
Grundsätzliches zum Thema Vernetzungsarchitektur

Mit dem Job Definition Format wurde ein umfassender Standard für den Datenaustausch in der Printmedien-Industrie definiert. Die JDF-Spezifikation legt jedoch nicht fest, wo welche Informationen gehalten und gesichert werden, wer darauf zugreifen und diese ggf. ändern darf. Grundsätzlich sind in einer JDF-basierten Vernetzung folgende logische Komponenten vorgesehen:

- *Agents* haben die Aufgabe, ein JDF zu schreiben, ein bestehendes zu erweitern oder zu verändern,

- *Controller* leiten ein JDF an die vorgesehene Stelle weiter,

- *Devices* bilden die Schnittstelle zwischen Softwareapplikationen und Maschinen. Devices interpretieren das JDF auf ihren spezifischen Knoten und steuern die jeweilige Maschine an,

- *Machines* sind Komponenten des Workflows, die die Prozesse ausführen. Diese werden von einem Device gesteuert.

Die Agents, Controller und Devices sollten nicht nur JDF verarbeiten können, sondern darüber hinaus auch eine JMF-Schnittstelle mit einem bidirektionalen Kommunikationsmechanismus für Meldungen zur Verfügung stellen.

Für die Prozessintegration auf Basis von JDF gibt es dabei zwei unterschiedliche Architekturansätze:

- Dezentrale Architektur,

- Zentrale Architektur.

In einer *dezentralen* Vernetzungsarchitektur wird eine JDF-Datei von einer Applikationssoftware an die nächste weitergegeben. Das JDF wird entweder im Filesystem oder in einer professionellen Datenbank von der jeweiligen Softwareapplikation gespeichert.

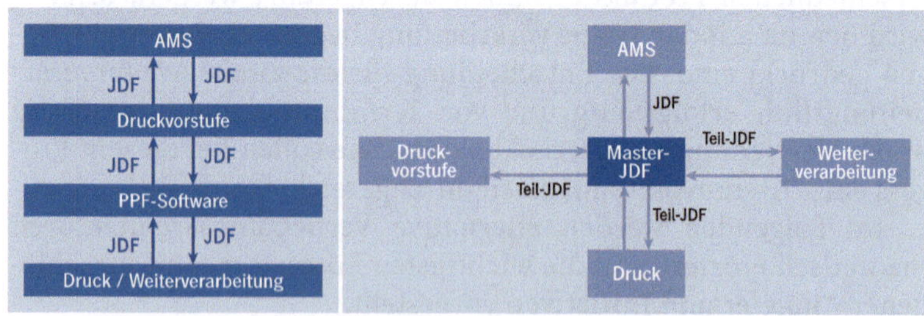

*Abbildung 18
Dezentrale vs. zentrale
Architektur*

Eine dezentrale Struktur mit sequenzieller JDF-Weitergabe ist relativ einfach zu realisieren und erfordert keine aufwendige Serverarchitektur. Problematisch sind allerdings die Zuständigkeiten: Wer darf wann ein JDF ändern und wie wird dafür gesorgt, dass alle Teilnehmer des Workflows jeweils über das gerade aktuelle JDF verfügen? Auch können komplexe, überlappende Prozesse nicht zuverlässig abgebildet werden.

In einer *zentralen* Architektur wird typischerweise das Master-JDF bzw. dessen Struktur in einer zentralen Datenbank gespeichert und von einem Server verwaltet. Datenbanken bringen verschiedene Mechanismen für professionelles Datenhandling standardmäßig mit. Diese sind z. B. gleichzeitiger Zugriff mehrerer Teilnehmer auf ein JDF, sichere Rückführung von halb ausgeführten, abgebrochenen Transaktionen, Mechanismen zur Replikation und Sicherung der Daten auch zur Laufzeit. Teile des JDF können so von einer Softwareapplikation ausgecheckt, verändert oder ergänzt und dann wieder eingecheckt werden. Weiter können anderen Teilnehmern das komplette JDF oder Teile davon nur lesend zur Verfügung gestellt werden. Vorteile einer zentralen JDF-Speicherung und -verwaltung gegenüber dem sequenziellen Übergeben einer JDF-Datei von einer Softwareapplikation an die nächste sind u. a. folgende:

- ständige Kontrolle des JDF,

- definiertes Aus- und Einchecken von Teil-JDF,

- klare Zugriffsregelung, wer darf wann bestimmte Teile der JDF-Baumstruktur beschreiben,

- Teile einer JDF-Struktur, die gerade von anderen Teilnehmern modifiziert werden, können für alle anderen Teilnehmer gesperrt werden,

- Konsistenz- und Plausibilitätsüberprüfung des JDF,

- bessere Wartungsmöglichkeiten.

Es kann festgestellt werden, dass eine zentrale Architektur zwar erst einmal aufwendiger ist, jedoch für einen zuverlässigen Betrieb ganz erhebliche Vorteile hat. Bei einer zentralen Vernetzungsarchitektur muss geklärt werden, welcher Anbieter den zentralen Server stellen soll und damit die führende Rolle in der Vernetzungsarchitektur besetzt.

4.2
Prinect der Heidelberger Druckmaschinen

Mit Prinect bietet die Heidelberger Druckmaschinen AG eine Reihe von aufeinander abgestimmten Softwareapplikationen an, die die durchgängige Vernetzung des gesamten Wertschöpfungsprozesses unterstützen. Prinect hat seinen Ursprung in einer Reihe von Softwareapplikationen, die über das Print Production Format und proprietäre Schnittstellen miteinander kommunizieren. Diese Softwareapplikationen wurden komplett neu entwickelt und mit JDF-Schnittstellen ausgestattet. Um ein Höchstmaß an Prozesssicherheit, Flexibilität und Transparenz zu bieten, hat sich die Heidelberger Druckmaschinen AG für eine zentrale Vernetzungsarchitektur entschieden, in der sämtliche JDF gespeichert, aufgespaltet und wieder zusammengeführt werden.

Die Vernetzungsarchitektur von Prinect ist eine konsequente 3-Ebenen-Architektur, die sich aufgliedert in:

- Applikationen,

- Zentrale Dienste,

- JDF-Prozessoren.

Auf der Ebene der Applikationen sind u. a. das Anfrage- und Auftragsmanagementsystem, der Druckvorstufenworkflow und das Produktionsplanungssystem angeordnet. Hier wird das JDF editiert, verändert und ausgelesen. Auf der Ebene der zentralen Dienste

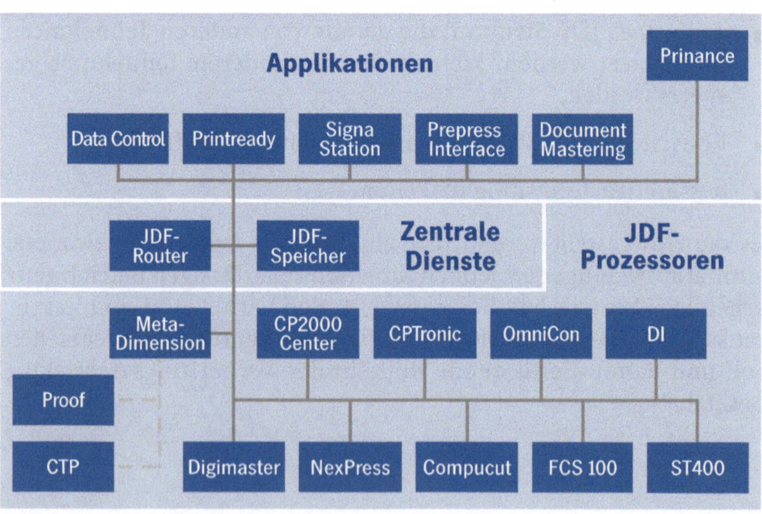

Abbildung 19
Prinects zukünftige
Systemarchitektur

  4 Vernetzungsarchitekturen

wird das Master-JDF gespeichert und verwaltet. Die JDF-Prozessoren schließlich führen die im JDF enthaltenen Anweisungen aus und setzen diese in Produktionsprozesse um. Nach kompletter oder teilweiser Ausführung der Produktionsprozesse werden die Ergebnisse an die zentralen Dienste zurückgemeldet.

4.2.1
Prinect-Ebene: Applikationen

Die Heidelberger Druckmaschinen AG hat den Druckvorstufenworkflow komplett neu entwickelt, um ihn in die neue JDF-Architektur einzufügen. Andere Applikationen sind mit einem JDF-Konverter ausgestattet. Auch diese werden sukzessive neu entwickelt, um sich optimal in die zentrale Vernetzungsarchitektur von Prinect integrieren zu lassen. Das Ziel sind stabile, wartungsarme Systeme, die sich mit einem möglichst geringen Aufwand integrieren lassen. Als die wichtigsten wären hier zu nennen:

- Prinect Prinance (Anfrage- und Auftragsmanagementsystem),

- Prinect Data Control (Produktionsplanungssystem),

- Prinect Printready System (Druckvorstufenworkflow).

Prinect Prinance ist das von der Firma Alphagraph entwickelte Anfrage- und Auftragsmanagementsystem, das gemeinsam mit der Heidelberger Druckmaschinen AG vermarktet wird. Mit diesem Modul hat die Heidelberger Druckmaschinen AG bislang am meisten Vernetzungserfahrung gesammelt. Schnittstellen sind entwickelt worden, um Auftragsdaten über den im Prinect Printready System integrierten Prinect Integration Layer (PIL) für den Produktionsprozess verfügbar zu machen. Nach Beendigung des Produktionsprozesses greift Prinance zukünftig über den Prinect Integration Layer auf die AuditPool-Elemente zu und stellt diese der Nachkalkulation und der statistischen Auswertung zur Verfügung.

Prinect Printready System ist ein File-basierter Druckvorstufenworkflow, der konsequent auf JDF als internes Datenformat setzt. Das Prinect Printready System ist mit dem Prinect Integration Layer die Schnittstelle zwischen dem Anfrage- und Auftragsmanagementsystem und den zentralen Diensten. Statt wie früher diverse Schnittstellen zwischen dem AMS und den verschiedenen Applikationen zu bedienen, wird dadurch die Schnittstellenvielfalt auf ein Minimum reduziert, die Notwendigkeit der Konvertierung entfällt. Auch innerhalb von Prinect Printready System laufen sämtliche Prozesse auf Basis des neuen Industriestandards ab. So wird mit der Ausschießsoftware Prinect Signa Station die JDF-Struktur komplett abgebildet und melden die über Prinect Meta Dimension (Rip) angesteuerten Plattenbelichter mittels JMF ihren jeweiligen Zustand (verbleibende Belichtungszeit, Plattenverfügbarkeit, Auflösung) an das Prinect Printready System und schaffen so an jedem Arbeitsplatz die gewünschte Transparenz. Die im Druckvorstufenworkflow um Produktionsdaten angereicherten Auftragsdaten werden an die zentralen Dienste geleitet, dort zentral gespeichert und verwaltet.

Prinect Data Control ist das Produktionsplanungssystem der Heidelberger Druckmaschinen AG, das die Datenströme aus der Druckvorstufe und dem Auftragsmanagement gebündelt an die Druck- und Weiterverarbeitungsmaschinen weiterreicht. Gleichzeitig ist es in der Lage, Echtzeitdaten von diesen Maschinen zu empfangen. Prinect Data Control verfügt neben den JDF-Schnittstellen über eine Host-Interface-Schnittstelle, die es ermöglicht, auch ältere, nicht JDF-fähige Maschinen anzubinden. Trotz der erwähnten Bündelungsfunktion ist Prinect Data Control nicht mit einem zentralen JDF-Server zu verwechseln. Prinect Data Control verwaltet das JDF nicht zentral, sondern konvertiert es und reicht es weiter.

4.2.2
Prinect-Ebene: Zentrale Dienste

Die zentralen Dienste bilden den Kern der Prinect-Architektur. In den zentralen Diensten wird das JDF gespeichert und an die verschiedenen JDF-Prozessoren weitergeleitet. Es wird in Form eines datenbankgestützten Drucksaalservers realisiert, über den die Produktionsressourcen in den JDF-Workflow eingebunden werden. Die zentralen Dienste bestehen aus:

- JDF-Speicher,

- JDF-Router.

Im *JDF-Speicher* wird das Master-JDF gehalten, aufgefüllt und geändert. Teile des JDF können von einer Softwareapplikation ausgecheckt, verändert oder ergänzt und dann wieder eingecheckt werden. Treten Fehler aufgrund von falschen Eingaben auf der Applikationsebene bzw. aufgrund eines nicht CIP4-konformen JDF auf, so stellt ein Konsistenzcheck sicher, dass der Workflow dennoch funktioniert und Fehlermeldungen zur Behebung des Übertragungsproblems abgegeben werden. Der *JDF-Router* stellt sicher, dass die JDF-Knoten an die richtigen JDF-Prozessoren weitergeleitet werden, wobei auf einen Teil des Knotens nur lesender Zugriff gewährt wird, während andere Teile des Knotens überschrieben werden können (z. B. im Rahmen von Voreinstellungen).

4.2.3
Prinect-Ebene: JDF-Prozessoren

In Zukunft werden sämtliche Maschinen der Heidelberger Druckmaschinen AG als JDF-Prozessoren einsetzbar sein. Ebenso können Produkte anderer Hersteller in den Workflow integriert werden, sofern diese über zertifizierte JDF-Schnittstellen verfügen. JDF-Prozessoren kommunizieren mit den zentralen Diensten und setzen JMF über http an die einzelnen Softwareapplikationen ab.

Zu den JDF-Prozessoren gehören u. a.:

- Prinect CP2000 Center (Leitstand der Speedmaster),

- Prinect FCS 100 (Leitstand für Falzmaschinen, Sammelhefter).

Das *Prinect CP2000 Center* erhält über seine Module Management-Gate und Preset Link die Auftrags- und Maschinenvoreinstelldaten als Teil-JDF vom Drucksaalserver. Dazu wird aus dem Master-JDF des Auftrags der für den jeweiligen Prozessor relevante Teil abgespalten, ausgecheckt und an diesen versendet. Dieses Teil-JDF beinhaltet alle für den Produktionsschritt erforderlichen Daten. Auf Basis der übermittelten Auftrags- und Maschinenvoreinstelldaten kann die Maschine voreingestellt werden. Zusätzlich ist eine stets auf dem aktuellen Stand gehaltene elektronische Auftragstasche am Leitstand abrufbar. Während des Prozesses können Meldungen über den aktuellen Produktionsstatus als JMF an die zentralen

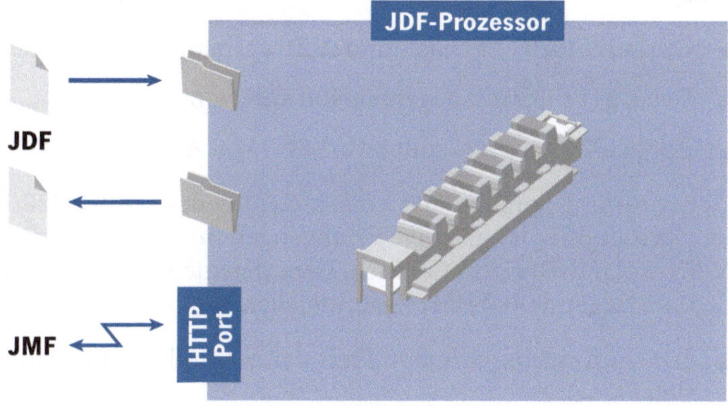

Abbildung 20
Umwandlung von
Heidelberg-Produkten
in JDF-Prozessoren

Dienste zurückgemeldet werden. Zukünftig werden die Prozesse auf der Druckmaschine in AuditPool-Elementen des jeweiligen Knotens dokumentiert.

Beim *Prinect FCS 100*, dem Finishing Communication System, werden die Maschinenvoreinstelldaten für die Falzmaschinen und Sammelhefter über die Module Compufold und Compustitch empfangen. Das Production Data Management sendet die während des Produktionsprozesses gefüllten AuditPool-Elemente zurück an die zentralen Dienste. Zwischenmeldungen zum aktuellen Status werden über JMF abgesetzt.

4.3
PrintCity „Closed Loop...Open Systems"

Unter dem Dach von PrintCity haben sich neben den beiden JDF-Initiatoren MAN Roland und Agfa zahlreiche weitere unabhängige Hersteller der Printmedien-Industrie zu einer strategischen Allianz zusammengeschlossen. PrintCity hat mit „Closed Loop...Open Systems" das Ziel, komplette und zuverlässige Workflows in einer offenen Systemarchitektur anzubieten. PrintCity ist ein Forum, auf dem sich die Teilnehmer über ihre Absichten verständigen und die Schnittstellenintegrität zwischen den einzelnen Workflow-Komponenten sicherstellen können.

Hinter dem Konzept der Offenheit von PrintCity verbirgt sich zunächst keine zentrale Architektur, die einzelnen Hersteller können aber (konkurrierende) zentrale Architekturen entwickeln. Im Einzelnen dürften sich verschiedene Vernetzungsarchitekturen von PrintCity im Markt etablieren. Im Weiteren werden einige, für das PrintCity-Konzept wesentliche Softwareapplikationen und ihr Zusammenwirken in der vernetzten Produktion dargestellt. Diese sind u. a.:

- Optimus 2020 (Anfrage- und Auftragsmanagementsystem),

- Delano (Projektmanagementsoftware von Agfa),

- ApogeeX (Druckvorstufenworkflow von Agfa).

Optichrome Copmuter Systems Ltd., das das AMS 2020 anbietet, verfügt über langjährige Erfahrungen mit der Vernetzung von MAN-Roland-Druckmaschinen. Die existenten Schnittstellen wurden um folgende JDF/JMF-Schnittstellen ergänzt:

- JDF-Auftragsbeschreibung mit den wesentlichen Produktionsdetails,

- JMF-Nachrichten mit aktuellen Informationen für die Auftragsverfolgung und Nachkalkulation.

Die webbasierte Projektmanagementsoftware *Delano* bietet Verla-
gen und Druckdienstleistern eine Kommunikationsplattform für
die unternehmensübergreifende Zusammenarbeit. Delano wird in
zwei Ausprägungen angeboten. *Delano Publish* unterstützt die Kunden bei der Seitenerstellung mit über das Internet bereitgestellten
Funktionalitäten zur Überprüfung, Komplettierung, Verteilung,
Abstimmung und Freigabe der angelieferten Content-Daten. Sämtliche Aktivitäten der am Projekt beteiligten Mitarbeiter können verfolgt werden. *Delano Production* ist das Produktionsplanungssystem von Agfa, mit der alle Produktionsprozesse unter Berücksich-
tigung der Vorgänge in der Druckvorstufe geplant und gesteuert
werden können.

- Delano ist in der Lage, über JDF mit Anfrage- und Auftragsmanagementsystemen zu kommunizieren,

- Delano schreibt ein JDF-Jobticket für Apogee und bietet optio-
  nal eine JDF-Schnittstelle für andere PDF-basierte Druckvorstufenworkflows,

- Delano stellt RessourceLinks für die Bearbeitung der Druckaufträge in der richtigen Reihenfolge bereit.

Effiziente und umfassende Jobticket-Funktionen bilden den Kern
des Druckvorstufenworkflows *ApogeeX* von Agfa. Der Anwender
kann ein JDF beispielsweise von Delano übernehmen, Jobticket-
Vorlagen aus einer Datenbank auswählen und neue Jobtickets erzeugen. Eingangsdaten für ApogeeX sind JDF-Auftragsbeschreibung, JDF-Auftragsreihenfolgedaten, JDF-Runlist und aktualisierte
JDF-Auftragsbeschreibung mit Verweis auf die produzierten Platten sowie JMF-Status-Nachrichten der Rips, die den Status des
Plattenbelichters und Proofers melden. Als Ausgabe stellt der
Druckvorstufenworkflow JDF-Auftrags-, JDF-Voreinstell- und JDF-
Produktionsreihenfolgedaten zur Verfügung.
Die PrintCity angeschlossenen Hersteller entwickeln für die
anzubindenden Geräte und Maschinen *JDF-Devices* unterschiedlichen Umfangs. PECOM übernimmt JDF-Auftrags- und Produktionsreihenfolgedaten vom Anfrage- und Auftragsmanagementsystem sowie Vorschaubilder und Daten für die Maschinenvoreinstellung von der Druckvorstufe. Mit PECOM können diese JDF-
Daten geprüft und komplettiert werden, um dann unter Nutzung
der Produktionsvorlagen (Einstellungen von bereits gedruckten
Aufträgen) zum Druck freigegeben zu werden. Die Maschinendaten werden protokolliert und in JMF-Nachrichten übersetzt. Diese

JMF-Nachrichten stehen für die Auswertung in einem übergreifenden Produktionsplanungssystem sowie dem Anfrage- und Auftragsmanagementsystem zur Verfügung. PECOM übernimmt als JDF-Device die Prozesssteuerung und Maschinenvoreinstellung der Druckmaschinen von MAN Roland. Auf gegenwärtigen Plattform kann PECOM jedoch nicht als zentraler JDF-Server verwendet werden.

4.4
Networked Graphic Production (NGP)

Die Networked Graphic Production (NGP) basiert auf einer Initiative von Creo, die das Ziel verfolgt, eine vollintegrierte, JDF-basierte Produktionsumgebung zu schaffen, in der alle Beteiligten des Gestaltungs- und Herstellungsprozesses von Drucksachen miteinander in Verbindung stehen. Neben Creo sind KBA, Komori und Xerox die wichtigsten Mitglieder dieser strategischen Allianz. Das Besondere bei NGP ist, dass der Initiator in diesem Fall der Weltmarktführer von Druckvorstufenlösungen ist, der von seiner Marktdurchdringung das Potenzial hätte, selbst einen zentralen Server erfolgreich im Markt zu platzieren. Ähnlich wie bei PrintCity sind auch bei NGP die verschiedenen Hersteller autonom. So gibt es Hersteller, die sowohl bei PrintCity als auch bei NGP Mitglied sind.

Der Vernetzungsansatz von NGP beruht zurzeit auf einer dezentralen Architektur. Der Austausch der Daten wird über verschiedene JDF-Konverter sichergestellt. Prinergy ist nicht in der Lage, ein im Anfrage- und Auftragsmanagementsystem erzeugtes JDF an die Druckmaschinen und die Weiterverarbeitung komplett durchzureichen, genauso wenig wie ein Anfrage- und Auftragsmanagementsystem innerhalb von NGP in der Lage ist, ein JDF zu erzeugen, das sämtliche Informationen für die Druckvorstufe, den Druck und die Weiterverarbeitung enthält. Die Druckvorstufe, der Drucksaal und die Weiterverarbeitung erhalten separate JDF vom Anfrage- und Auftragsmanagementsystem. In der Druckvorstufe wird ein weiteres JDF erzeugt, das an den Drucksaal und die Weiterverarbeitung weitergeleitet wird.

NGP-Partner und ihre Kunden erhalten über die NGP-Initiative die Möglichkeit, ihre Lösungen im Zusammenspiel mit anderen Partnern zu testen. Um den Partnerunternehmen die Umsetzung von JDF zu erleichtern, schlägt die NGP eine Vernetzungsarchitektur in mehreren Ebenen vor:

- **Level 1:** Einseitige, unidirektionale Kommunikation des Jobtickets vom AMS zur Produktion,

- **Level 2:** Beidseitige, bidirektionale Kommunikation zwischen AMS und Produktion.

Ein Beispiel für eine technische Anbindung im Rahmen der Networked Graphic Production ist der bidirektionale Datenaustausch zwischen Hiflex Print und Prinergy von Creo. Über die standardisierte JDF-Schnittstelle Synapse Link wird in Prinergy automatisch ein Auftrag angelegt, sobald der Bearbeiter diesen im Auftragsbuch von Hiflex Print definiert hat. In der anderen Richtung liefert Prinergy aktuelle Produktionsinformationen wie Maschinenbelegungszeiten, Materialverbrauchsdaten, Job-Status oder Art der ausgeführten Arbeiten. Damit sind Auftragsmanagement, Disponent und Vertriebsaußendienst über den Auftragsfortschritt in der Druckvorstufe informiert und können bei Rückfrage des Kunden kompetent Auskunft geben. Die automatischen Rückmeldungen von Betriebsdaten und Produktionsereignissen aus dem Prepress-Workflow sorgen dafür, dass die tatsächlich angefallenen Kosten in die Nachkalkulation eines Auftrages einfließen und abgerechnet werden können.

4.5
AMS als JDF-Zentrale

Neben der Heidelberger Druckmaschinen AG und MAN Roland als Druckmaschinen- sowie Creo als Druckvorstufenhersteller haben es sich ambitionierte Anbieter von Anfrage- und Auftragsmanagementsystemen wie z. B. Printvision, Orgasoft und SSB zur Aufgabe gemacht, eine zentrale Rolle im Vernetzungsworkflow zu besetzen. Dieses Vorhaben basiert auf dem Standpunkt, dass das Anfrage- und Auftragsmanagementsystem das auftragsführende System ist, da es, zumal wenn ein Produktionsplanungsmodul integriert ist, das gesamte Auftragsmanagement steuert. Als JDF-Router dient das Produktionsplanungssystem, das die JDF-Dateien in der geplanten Reihenfolge an die Softwareapplikationen und die JDF-Devices der Maschinen weiterleitet. Änderungen des Auftrags müssen zwingend neu kalkuliert werden. Die meisten Branchenlösungen sind bisher proprietäre Entwicklungen von Branchenanbietern. Es wird in den nächsten Jahren zu beobachten bleiben, ob mittelständische Standard-ERP-Lösungen wie SAP Business One oder Microsoft Business Solutions Navision mit darauf adaptierten Branchenlösungen – wie in anderen Bereichen geschehen – den Markt für JDF-vernetzte Druckereimanagementsysteme erobern werden. Das auf Navision basierte System Printvision des gerade der NGP-Initiative beigetretenen dänischen Anbieters Novavision verfolgt diesen Ansatz.

Um tatsächlich als zentraler JDF-Server eingesetzt werden zu können, muss das Anfrage- und Auftragsmanagementsystem mit seinem Produktionsplanungssystem neben der Produktstruktur auch die komplette Prozessstruktur abbilden können. Hierzu ist es erforderlich, dass die in der Druckvorstufe erzeugten Maschinenvoreinstelldaten und sämtliche, bislang nicht kalkulierten JDF-Elemente in der Baumstruktur des Anfrage- und Auftragsmanagements verwaltet werden.

4.6
PPS als JDF/JMF-Zentrale

Viele Anbieter von Anfrage- und Auftragsmanagementsystemen verfügen nicht über ein integriertes Produktionsplanungsmodul bzw. haben nicht die Ambition, dieses zum zentralen JDF-Server und JDF-Router auszubauen. Für diese Anbieter macht es Sinn, ein JDF mit Auftrags- und einigen Produktionsdaten an ein Produktionsplanungssystem zu übergeben, das die Funktion des JDF-Servers und JDF-Routers übernimmt.

Ein Beispiel für solch eine Vernetzungsarchitektur ist der Produktionsleitstand JDPPI (Job Data Production Planning Interface) von bbk-Informationsverarbeitung. Im Rahmen einer Partnerschaft zwischen Datamedia und bbk-Informationsverarbeitung wurde die Applikationsplattform JDMS (Job Data Management System) mit dem Auftragsmanagementsystem RSK von Datamedia verbunden. Die RSK-Software ist modular aufgebaut, verfügt in einigen Modulen über eine interne XML-Datenbasis und kann zu den kleineren und auch günstigeren Varianten einer AMS-Lösung gezählt werden.

Der Datenaustausch zwischen dem webbasierten Produktionsplanungssystem JDPPI, den Softwareapplikationen und JDF-Devices erfolgt über JDF- und JMF-Schnittstellen. Im JDPPI wird das JDF in ein internes Format gemappt. Wenn die vorgesehenen Produktbeschreibungen, die in der JDF-Spezifikation vorgegeben sind, nicht ausreichen, werden Private Sections verwendet.

Für die Hersteller von Anfrage- und Auftragsmanagementsystemen entfällt die Notwendigkeit, unterschiedliche Maschinen und Softwareapplikationen verschiedener Hersteller anbinden zu können. Die Kommunikation für das Anfrage- und Auftragsmanagementsystem reduziert sich auf eine JDF-/JMF-Schnittstelle mit dem Produktionsplanungssystem JDPPI. Auf Anfrage programmiert bbk-Informationsverarbeitung proprietäre Schnittstellen für

Maschinen und Geräte, die nicht JDF-fähig sind, damit auch diese in die JDF-Architektur eingebunden werden können.

4.7
PrintNet (ppi Media)

Mit PrintNet haben MAN Roland und ppi Media ein ambitioniertes Produktionsplanungssystem mit offener Systemarchitektur für Zeitungshäuser konzipiert, dessen Einsatz auf Druck- und Verlagsunternehmen ausgeweitet werden soll. PrintNet ist komplett JDF-basiert und bietet die Möglichkeit, Produkte von Drittanbietern zu einem durchgängigen, ganzheitlichen Workflow zu integrieren. Integrale Bestandteile von PrintNet sind das Automatisierungs- und Druckmanagement-System PECOM von MAN Roland sowie das JDF-basierte Ausgabesteuerungssystem PrintNet OM von ppi Media. Der Kern der Architektur von PrintNet ist eine zentrale Datenbank, in der die Informationen für alle Arbeitsstationen des Workflows verwaltet werden. Die Clients zur Bedienung des Systems sind Browser-basierte, vom Betriebssystem unabhängige Anwendungen.

Mit PrintNet lässt sich der zeitliche und örtliche Ablauf von Druckprozessen zentral und workflow-übergreifend planen, steuern, und statistisch auswerten. PrintNet stellt zur Auftragsbearbeitung und -verfolgung diverse Module zur Verfügung, wie

- *jobstart* zur Erzeugung von Aufträgen an einem einheitlichen Dateneintrittspunkt,

- *jobplan* zur Produktionsplanung der Arbeitsschritte mit optimierender Reihenfolgeplanung,

- *jobperform* zur hoch automatisierten Ausführung von Produktionsaufträgen mit flexibler Ablaufsteuerung,

- *jobtrack* zur Nachverfolgung von Aufträgen in der gesamten Produktionskette,

- *jobreport* für Berichte, Auswertungen und Langzeitanalysen der Produktionskette.

Auf Basis der hinterlegten Andruckzeiten in PECOM werden Produktionssysteme automatisch disponiert, können bei Bedarf aber auch umdisponiert werden. Externe Workflowbereiche im Verlag und beim Druckdienstleister lassen sich über PrintNet-Ports anbinden, wie etwa officeport (Anbindung an die kommerziellen und administrativen Systeme), newsport (Anbindung für einen integrierten Redaktionsworkflow), adport (Anbindung für eine integrierte Anzeigenabteilung), dtpport (Anbindung für den Kreativ-Workflow), storeport (Anbindung für intelligentes Materialhandling), transport (Anbindung an die Distributionssysteme).

4.8
Bewertung

Der zentrale JDF-Server wird von Herstellern auch als Daten-Backbone der Druckdienstleister betrachtet. Es ist für die Hersteller daher von großer Bedeutung, diesen Daten-Backbone mit einer überzeugenden Lösung zu besetzen. Dies schafft in Analogie zum Betriebssystem die Möglichkeit, neue, hochintegrierte Softwareapplikationen zu entwickeln und zu verkaufen.

Die Heidelberger Druckmaschinen AG baut mit Prinect auf eine zentrale Architektur, die das Master-JDF verwaltet. Dieser Server ist konsequent von der Applikationsebene getrennt, sodass er in jeder Produktionsumgebung eingesetzt werden kann. Heidelberg hat sich im Laufe der Entwicklung von Prinect zunehmend von der Idee verabschiedet, eine Lösung aus einer Hand zu bieten, und setzt vermehrt auf Kooperationen wie z. B. mit dem amerikanischen AMS-Anbieter EFI für die Anbindung von Hagen OA und mit OLIV aus Japan. Als Schnittstelle zum AMS und PPS dient der Prinect Integration Layer. Heidelberg erwartet ein Gesamt-JDF aus dem AMS bzw. PPS, das in den zentralen Diensten mit weiteren JDF-Knoten angereichert wird.

Sowohl PrintCity als auch NGP setzen zurzeit auf eine sequenzielle Weitergabe des JDF, was nicht ausschließt, dass einzelne Mitglieder dieser Initiativen zentrale Server entwickeln. Weder bei PrintCity noch bei NGP kann daher von einer einzigen Vernetzungsarchitektur gesprochen werden. Die bislang vorgestellten Ansätze sind daher der dezentralen Architektur zuzurechnen, die komplexe Produktionsprozesse nicht zuverlässig und transparent unterstützen. Oberflächlich betrachtet muten die Ansätze von PrintCity und NGP ähnlich an, doch während PrintCity den kompletten JDF-Standard unterstützt, setzt NGP auf eine selbst definierte Untermenge von JDF, die eine möglichst praxistaugliche und einfache Implementierung gewährleisten soll.

Das Konzept, ein Anfrage- und Auftragsmanagementsystem als zentralen JDF/JMF-Server auszubauen, wie z. B. im Vernetzungskonzept von Hiflex, ist eine sinnvolle Variante mit allen Vorteilen der zentralen Vernetzungsarchitektur. Es muss sichergestellt sein, dass das AMS hinreichend mächtig ist, diese komplexe Aufgabe für alle Teilnehmer zufrieden stellend zu übernehmen. Dass heißt insbesondere auch, dass in der Vorstufe erzeugte JDF-Knoten im Anfrage- und Auftragsmanagementsystem aufgenommen werden müssen. Da das Planungsmodul des Anfrage- und Auftragsmanagementsystems die Funktion eines JDF-Routers übernimmt, kann es zu Konflikten mit Ansätzen anderer Hersteller kommen, die ein einziges JDF aus dem Anfrage- und Auftragsmanagementsystem erwarten.

Analoges gilt für die Variante eines Produktionsplanungssystems als zentralen JDF-Server, wie es die bbk-Informationsverarbeitung mit dem Produktionsleitstand JDPPI verfolgt. Zwar bietet diese Variante alle Vorteile einer zentralen Vernetzungsarchitektur, doch stellt sich die Frage, ob ein derart kleiner Softwareanbieter sich im Markt durchsetzen kann.

Das PrintNet-Konzept von ppi Media verfolgt einen zentralen Vernetzungsansatz, der zurzeit noch auf die Zeitungsproduktion zugeschnitten ist. Dieses Konzept bietet alle Vorteile einer konsequenten zentralen, datenbankbasierten Vernetzungsarchitektur, der zukünftig auch bei größeren Akzidenzdruckereien zum Einsatz kommen soll.

Zusammenfassend kann festgestellt werden, dass die meisten Vernetzungskonzepte zu einer zentralen Architektur tendieren. Viele dieser Konzepte sind technisch erst in Ansätzen umgesetzt und basieren noch auf Hotfolder-Mechanismen. Bis die einzelnen Konzepte die notwendige Reife haben, um sämtliche Aspekte des Druckprozesses zuverlässig abzubilden, wird noch einige Zeit vergehen.

5 Nutzen

Die Prozessintegration auf Basis des Job Definition Format hilft Ineffizienzen im Produktionsprozess zu beseitigen. Diesem Nutzen stehen Investitionen in Software, Hardware und Dienstleistung gegenüber. Darüber hinaus werden in der Einführungsphase der Vernetzung erhebliche Kapazitäten der Geschäftsleitung und der auszubildenden Mitarbeiter gebunden. Nutzen und Aufwand der Vernetzung sind in Abhängigkeit der Auftrags- und Betriebsstruktur gegeneinander abzuwägen.

Im Mittelpunkt dieses Kapitels stehen die qualitativen Nutzenaspekte der einzelnen Vernetzungsstrecken. Erfahrungswerte des IRD werden angeführt, um die Größenordnung des Nutzens zu dokumentieren. Im Anschluss wird anhand eines Praxisbeispiels der Nutzen und die Amortisationsdauer des Vernetzungsprojekts exemplarisch ermittelt.

Das Institut für rationale Unternehmensführung in der Druckindustrie e.V. (IRD) ist ein Beratungsinstitut mit 100 Mitgliedsfirmen im deutschsprachigen Raum.

IRD

5.1
Nutzen des E-Business

Sowohl Druckdienstleister als auch Kunden erwarten, dass der Einsatz einer E-Business-Lösung die Prozesse vereinfacht. Der Nutzen muss sich für beide Seiten überzeugend darstellen. In der Praxis kommt es allerdings vor, dass der Kunde den Einsatz einer E-Business-Lösung beim Druckdienstleister zur Voraussetzung der weiteren Zusammenarbeit macht. Auch in diesem Fall muss der Druckdienstleister eine Kosten-Nutzen-Analyse machen und Geschäftsmodelle für die neue E-Business-Lösung entwickeln.

Anfragen über Fax zu bekommen, verursacht beim Druckdienstleister an zwei Stellen Ineffizienzen. Zum einen müssen sämtliche Daten nochmals manuell in das Anfrage- und Auftragsmanagementsystem eingegeben und bearbeitet werden, zum anderen führen unvollständig ausgeführte Anfragen zu zeitaufwendigen Rückfragen bzw. Fehlinterpretationen, die die Kundenbeziehung stören können. Besonders effizient sind E-Business-Lösungen für Kleinstaufträge, bei denen die Bearbeitungszeit pro Auftrag bei konventioneller Arbeitsweise die Wirtschaftlichkeit in Frage stellt. Internet-Portale, die über eine Beschreibung des Leistungsumfangs von Druckdienstleistern hinausgehen, finden insbesondere im Digitaldruck Verbreitung. Internet-Portale reduzieren bei solchen Anwendungen die Bearbeitungszeit und damit die Prozesskosten erheblich. Zusätzlich werden sie zum Zweck der Kundenbindung (z. B. Lagerhaltung, Terminübersichten, Bilddatenbank) eingesetzt und unterstützen die Kommunikation mit Kunden, Agenturen und Druckdienstleistern.

Beim Druckdienstleister kann mit E-Business-Lösungen Folgendes erreicht werden:

- Reduzierung der *Prozesskosten* durch Integration der Bestellprozesse der Kunden in das Anfrage- und Auftragsmanagementsystem,

- Erhöhung der *Kundenbindung* durch Integration in die spezifischen Prozesse des Kunden,

- Erhöhung der zeitlichen und regionalen *Erreichbarkeit*, wodurch die Absatzmöglichkeiten erweitert werden.

Der Kunde hat grundsätzlich ähnliche Auftragsabwicklungsprobleme wie der Druckdienstleister. Bei der Vergabe und weiterer Verfolgung von Druckaufträgen fallen z. T. beträchtliche Prozesskosten an. Abstimmungsprozesse werden vielfach schneller und kostengünstiger über ein Internet-Portal abgewickelt. Dabei gilt: Je mehr Personen am Prozess beteiligt sind, desto eher macht sich die Zusammenarbeit über das Internet bezahlt. Bei Kleinstaufträgen stehen Nutzen und Aufwand der Auftragsabwicklung häufig in keinem Verhältnis zueinander. Ist das ERP-System des Kunden nicht über das Internet-Portal mit dem Anfrage- und Auftragsmanagementsystem des Druckdienstleisters verbunden, so müssen die Aufträge zunächst im ERP-System erfasst, ausgedruckt und schließlich per Fax an den Druckdienstleister geschickt werden. Dessen Auftragsbestätigung, Lieferschein, Rechnung etc. werden wiederum in das ERP-System manuell eingepflegt. Dieser Medienbruch ist teuer und kann bei zeitkritischer Produktion zu Problemen führen.

Beim Kunden kann mit einer E-Business-Lösung Folgendes erreicht werden:

- Sämtliche Projektmitglieder des Kunden haben eine vollständige Übersicht über die von ihnen benötigten Informationen des Projekts: Produktbeschreibung, Zeitpunkt und Ort der Auslieferung für die Auftragsverfolgung, Lagerbestandseinsicht zum Abruf vorgedruckter Drucksachen.

- Beschleunigung der Kommunikation durch Digitalisierung der Bestellprozesse mit Agenturen und Druckdienstleister.

- Durchsetzung des Corporate Designs mit unternehmensweit freigegebenen Vorlagen, die an vordefinierten Stellen entsprechend der Corporate-Design-Richtlinien editiert werden können, um sie für den jeweiligen Bedarf anzupassen.

- Internet-Portale liefern typischerweise Managementinformationen für den Kunden über Anfragen, vergebene Druckaufträge etc. Dies bringt zeitnahe Kontrolle über die Budgets.

Einen Eindruck von den Einsparungsmöglichkeiten durch den Einsatz des E-Procurements vermittelt eine Erhebung des IRD.

<table>
<tr><td>Electronic Procurement (E-Procurement) ist die Nutzung von Internet-basierten Informations- und Kommunikationstechnologien zur elektronischen Unterstützung und Optimierung des gesamten Beschaffungszyklus von Ressourcen und Dienstleistungen.</td><td>*E-Procurement*</td></tr>
</table>

Dabei werden einfache, normale und komplexe Aufträge unterschieden, die unterschiedlich viel Zeit für die Auftragsbearbeitung in Anspruch nehmen. Bei einem Stundenlohn von 65 € und 2,8 Angeboten pro realisiertem Auftrag fallen, je nach Komplexität des Auftrags, Kosten von 35 € bis 218 € pro Auftrag an. Diese Auftragskosten lassen sich durch den Einsatz von einer in das Auftragsmanagement integrierten E-Procurement-Lösung senken, sofern die Anzahl der darüber abgewickelten Aufträge groß genug ist, um

Komplexität der Aufträge		klein	normal	groß
Angebote	Std.	0,25	0,37	1,11
	€	16	24	72
Aufträge	Std.	0,54	0,94	3,35
	€	35	61	218

Tabelle 1
Auftragskosten
entsprechend der
Auftragskomplexität

die Investition und die bei der Einführung anfallenden Schulungs-, Installations- und Kommunikationskosten zu rechtfertigen.

Je standardisierter die Abläufe, desto größer ist die Chance für eine kurze Amortisationsdauer der E-Business-Lösung. Aufgrund der hohen Vielfalt von E-Business-Lösungen in der Printmedien-Industrie und des herrschenden Verdrängungswettbewerbs ist eine sorgfältige Auswahl des Partners geboten.

5.2
Nutzen der vernetzten Auftragsvorbereitung

Die Vernetzungsstrecke der Auftragsvorbereitung führt zu einer Vereinheitlichung der Nummernkreise im Auftragsmanagement und in der Produktion. Dies ermöglicht die automatische Zusammenführung der Auftrags-, Content- und Produktionsdaten auf den Produktionsleitständen, was entscheidend zur Erhöhung der Produktionssicherheit beiträgt. Änderungen bei einer komplett realisierten Vernetzung der Auftragsvorbereitung werden fortlaufend kommuniziert und dokumentiert.

Durch eine Vernetzung der Auftragsvorbereitung soll erreicht werden:

- Verringerung der *Auftragsdurchlaufzeiten,*

- Vermeidung von *Ineffizienzen* durch die doppelte Erfassung von Daten in verschiedenen, im Betrieb verwendeten Softwareapplikationen,

- Verringerung der *Fehlerkosten* durch einheitliche Bezeichnungen, aktuelle Auftragsinformationen und Vorschaubilder.

Eine Untersuchung des IRD zeigt, wie schnell Aufträge in Abhängigkeit ihrer Komplexität die einzelnen Phasen von der Anfrage bis hin zur Rechnungserstellung typischerweise durchlaufen.

Die Durchlaufzeiten für die Phase „Auftrag bis Bestätigung" sind durch Vernetzung von Auftragsmanagement und Produktion

Komplexität der Aufträge		klein	normal	groß
Anfrage bis Angebot	Tage	2,2	2,9	4,7
Auftrag bis Bestätigung	Tage	1,3	1,6	2
Unterlagen an Technik	Tage	0,9	1,2	1,5
Auslieferung bis Rechnung	Tage	4,2	3,9	5,6
Summe	Tage	8,6	9,9	13,8

Tabelle 2
Typische Durchlauf-
zeiten von Aufträgen
nach Daten des IRD

		unvernetzt	vernetzt	Differenz
Anzahl Rückfragen zw. Verkauf und Produktion	Anzahl/Tag	17	7	10
Zeitaufwand je Rückfrage	Min.	6	6	0
Kumulierter Zeitaufwand	Std./Jahr	382	157	225
Aufwand je Mitarbeiter im Auftragsmanagement	€/Jahr	24.862	10.237	14.625
Gesamtaufwand Rückfragen	€/Jahr	124.312	51.188	73.124

Tabelle 3
Nutzen Auftrags-
vorbereitung nach
Daten des IRD

nicht zu verkürzen. Das wesentliche Potenzial für die Reduzierung der Durchlaufzeiten liegt in den Phasen „Unterlagen an Technik" und „Auslieferung bis Rechnung".

Die unterschiedlich schnelle Abarbeitung von Auftragstaschen liegt u. a. im fehlerhaften, nicht vollständigen und dem häufigen Ändern der Auftragstaschen begründet. Dies führt zu zahlreichen Rückfragen und hohen Fehlerkosten. So haben Untersuchungen des IRD ergeben, dass der Änderungsanteil bei ca. 90 % liegt. Die Vernetzung der Auftragsvorbereitung greift hier durch die zeitnahe Bereitstellung aktueller Auftragsdaten am Arbeitsplatz des jeweiligen Mitarbeiters ein.

Die Musterrechnung geht von 5 Mitarbeitern im Auftragsmanagement mit einem Stundenlohn von 65 € aus, die 225 Tage im Jahr arbeiten. Sie haben zwischen 7 und 17 Rückfragen pro Mitarbeiter und Tag zu bewältigen. Bei einer geschätzten Dauer pro Rückfrage von 3 Minuten und zwei beteiligten Personen (Fragender und Antwortender) ergeben sich kalkulatorische Einsparungsmöglichkeiten in der Größenordnung von bis zu 73 T€ pro Jahr.

Zwar laufen die Prozesse dank der Vernetzung der Auftragsvorbereitung „reibungsloser" ab, doch ist der tatsächliche Nutzen nur schwer zu quantifizieren. Letztlich werden die Mitarbeiter des Druckdienstleisters von nicht wertschöpfenden Tätigkeiten entlastet und können neue Aufgaben übernehmen, die einen größeren Beitrag zum Unternehmenserfolg versprechen. Auch die Reduzierung von Fehlern infolge der Vernetzung lässt sich nur schwer fassen, da zumeist keine eindeutig zuordenbare Werte über den Zustand vor der Vernetzung vorliegen.

5.3
Nutzen der vernetzten Maschinenvoreinstellung

Durch die digital im Auftragsmanagement bzw. der Druckvorstufe erzeugten Voreinstellungen werden elektronisch ansteuerbare Maschinenkomponenten so eingestellt, dass Bediener in kürzester Zeit den Produktionsprozess starten können. Durchgesetzt hat sich diese Vernetzungsstrecke im Rahmen der zunehmenden Verbreitung von CTP insbesondere für die Farbzonenvoreinstellung der Druckmaschinen. In speziellen Marktsegmenten hat auch die Voreinstellung von Schneidmaschinen Verbreitung gefunden.

Durch Vernetzung der Maschinenvoreinstellung kann Folgendes erreicht werden:

- Verringerung der *Rüstzeiten*,

- Verringerung der *Makulatur*,

- Verbesserung der *Produktionssicherheit und -qualität*,

- Verlagerung der Arbeiten auf wenige *Facharbeiter*.

Der entscheidende Nutzen der Maschinenvoreinstellung, nämlich Verringerung der Rüstzeiten und der Makulatur, lässt sich relativ einfach ermitteln. Hier liegen aufgrund der großen installierten Basis bereits Erfahrungswerte vor. Bei einer abgestimmten Druckmaschine kann pro Auftrag bis zu einem Abzug eingespart werden. Ohne Übertragung der Farbzonenwerte muss der Drucker jede Platte auf das Bedienpult legen und nach bestem Wissen die Voreinstellung über Tastatur oder Griffel einstellen. Mit einer vollautomatisierten Druckmaschine lässt sich heute typischerweise eine 4-Farben-Arbeit in ca. 15 bis 20 Minuten einrichten, wofür früher bei rein manueller Arbeitsweise ca. 60 bis 90 Minuten erforderlich waren.[4]

Beim Schneiden von komplexen Aufträgen, die nicht an den Schneidemaschinen hinterlegt sind, benötigt der Mitarbeiter erhebliche Zeit, um alle Schritte zu programmieren. In dieser Zeit kann auf der Schneidemaschine nicht produziert werden. Mit Schneidmarken aus der Druckvorstufe kann ein Bogen während laufender Produktion dagegen in kürzester Zeit berechnet und neue Aufträge vorbereitet werden. Analoges gilt für Falzmaschinen und Sammelhefter, wobei bei diesen Maschinen im Einzelnen abzuwägen ist, welche Voreinstellungen an den Maschinen vorgenommen werden können, und ob diese den Vernetzungsaufwand rechtfertigen.

---

[4] Prof. Kipphahn (Hrsg.): Handbuch der Printmedien, Springer-Verlag, 2000, S. 333.

Arbeitsvorbereitungsstationen dienen der zentralen Vorbereitung der Maschinen für den Produktionsprozess durch geschultes Fachpersonal. Die Maschinen und Softwareapplikationen können so auch von weniger gut ausgebildeten Mitarbeitern bedient werden, ohne dass Abstriche bei der Qualität gemacht werden müssten.

5.4
Nutzen der vernetzten Produktionsplanung und -steuerung

Im Produktionsplanungssystem werden die zum Einsatz kommenden Maschinen und Zeiten auftragsbezogen geplant. In Simulationen lassen sich optimale Produktionsreihenfolgen ermitteln. Die Maschinenbelegung lässt sich kurzfristig ändern. Der Detaillierungsgrad der Planung unterscheidet sich von Betrieb zu Betrieb.

Durch eine Vernetzung der Produktionsplanung und -steuerung soll Folgendes erreicht werden:

- Vermeidung von *Doppeleingaben*,

- Vermeidung von *Rückfragen* zum Produktionsstatus,

- Reduzierung des Aufwands für *Planungstreffen*,

- Erhöhung der *Produktionssicherheit* durch Gewährleistung der Verfügbarkeit von Papier, Farbe und Platten zum benötigten Zeitpunkt an der richtigen Maschine,

- Erhöhung der Steuerungsmöglichkeiten des Unternehmens durch Auswertung von technischen Informationen.

Bei nicht vernetzten Prozessen muss der Disponent die Auftragsdaten (Auftragsnummer, Kunde etc.) erneut in sein Planungswerkzeug (z. B. Plantafel, Excel) eingeben. Durch die Vernetzung der Produktionsplanung und -steuerung mit dem Anfrage- und Auftragsmanagementsystem wird dieses überflüssig. Zusätzlich können Statusmeldungen dem Auftragsmanagement, dem Außendienst, der Unternehmensleitung und, wenn gewünscht, auch dem Kunden zur Verfügung gestellt werden.

Eine nicht vernetzte Produktionsplanung und -steuerung erfordert eine Vielzahl von Planungstreffen mit den beteiligten Abteilungen. Diese zumeist am Morgen stattfindenden Planungen werden mehrmals täglich aktualisiert. Einen Überblick über den aktuellen Status der Produktion hat in der Regel nur der Disponent, der die nötigen Informationen bei den Mitarbeitern aus der Produktion einholt. Dabei entsteht ein erheblicher Kommunikationsaufwand. So hat das IRD ermittelt, dass ein Disponent typischerweise weniger als 30 % seiner Arbeitszeit auf die reine Planungs- und Steuerungstätigkeit verwendet. Wenn sich zusätzlich die Teilnehmerzahl bzw. Dauer der Haupt- und Abstimmungsbesprechungen reduzieren lässt, ergibt sich ein beträchtliches Einsparungspotenzial, das nach Untersuchungen des IRD bei einem Betrieb mittlerer Größe durchaus die Größenordnung von 100 T€ pro Jahr überschreiten kann.

Zusätzlicher Nutzen entsteht durch Bereitstellung von nicht auftragsbezogenen, technischen Informationen, mittels derer Schichtverläufe und Maschinenstillstandzeiten dokumentiert werden. Diese liefern wertvolle Informationen für die Analyse von Hilfszeiten und Störungen.

5.5
Nutzen der vernetzten Betriebsdatenerfassung und Nachkalkulation

Die Unternehmungsleitung benötigt, möchte sie sich nicht alleine auf das „Bauchgefühl" verlassen, betriebswirtschaftliche Informationen aus dem laufenden Betrieb. Diese Informationen werden derzeit vorrangig über Tageszettel, zunehmend auch über BDE-Terminals beschafft. Tageszettel verursachen in der Erfassung, Kontrolle und Eingabe einen relativ großen Aufwand. Die Aussagekraft ist begrenzt, da die Erfassung häufig nicht zeitnah geschieht und fehlende Eingaben sowie Falschbuchungen das tatsächliche Ergebnis verfälschen. Besser ist es, Maschinendaten auszuwerten und um Betriebsdaten zu ergänzen, die nicht von den Maschinen geliefert werden.

Durch Vernetzung der Betriebsdatenerfassung (BDE) und Nachkalkulation soll Folgendes erreicht werden:

- Erfassen der *tatsächlichen Aufwendungen*,

- Vermeiden von *Doppeleingaben* und Kontrollen,

- Zeitnahes Bereitstellen von *Statusmeldung* und qualitativ hochwertigen Managementinformationen.

Eine vernetzte Betriebsdatenerfassung erspart einerseits das Ausfüllen der Tageszettel, andererseits sind Eingaben an Maschinen- oder entsprechenden BDE-Terminals erforderlich. Die eigentliche Einsparung liegt daher im Bereich der Buchhaltung, da das Übertragen von Tageszetteln in das Anfrage- und Auftragsmanagementsystem entfällt. Durch Auswertung der Maschinendaten in Verbindung mit den von Mitarbeitern in der Produktion einzugebenden Betriebsdaten kann zuverlässig die Nutzung von Produktionsressourcen und -zeiten sowie der Einsatz von Verbrauchsmaterialien erfasst werden. Stichprobenkontrollen können größtenteils entfallen. Die Daten werden automatisch in das Anfrage- und Auftragsmanagementsystem übertragen und stehen für Nachkalkulation und statistische Auswertungen zur Verfügung.

Die Musterrechnung geht von 30 Mitarbeitern in der Produktion aus, die ihre Tageszettel ausfüllen, der durchschnittliche Stundensatz im Auftragsmanagement und der Produktion beträgt 65 €. An 225 Tagen im Jahr werden im Durchschnitt jeweils 7 Aufträge bearbeitet. Für das Ausfüllen einer Tageszettelposition benötigen die Mitarbeiter 0,4 Minuten, ebenso lange wie die Buchhaltung, um diese in das Anfrage- und Auftragsmanagementsystem zu übertragen. Die Kontrolle der Tageszettel nimmt mit einer Minute aufgrund von mehr Unstimmigkeiten doppelt so viel Zeit ein wie die Kontrolle der Eingaben am BDE-Terminal. Die Klärung der Eingaben am BDE-Terminal durch die Buchhaltung entfällt im vernetzten Betrieb. Bei Verwendung von Tageszetteln sind etwa 10 Rückfragen pro Woche notwendig, die mit einer geschätzten Dauer von 3 Minuten angesetzt werden. In der Musterrechnung konnten zusätzlich die Arbeitsfortschrittskontrollen infolge der Vernetzung der Betriebsdaten von 140 Std. auf 35 Std. gesenkt werden. Damit ergeben sich für den Musterbetrieb kalkulatorische Einsparungsmöglichkeiten in der Größenordnung von ca. 34 T€.

		Tageszettel	BDE/MDE
Schreiben einer Tageszettelposition	Min.	0,4	0,4
Tageszettelkontrolle durch Bereichsleiter	Min.	1,0	0,5
Eingabe einer Tageszettelposition durch die Buchhaltung in das AMS	Min.	0,4	0
Klärungen durch Buchhaltung pro Woche	Anzahl	10	0
Zeit pro Klärung durch Buchhaltung	Min.	3,0	3,0
Schreiben/Erfassen (Mitarbeiter)	Std.	315	315
Kontrolle durch Bereichsleiter	Std.	112,5	56
Eingabe durch Buchhaltung	Std.	315	0
Klärungen durch Buchhaltung	Std.	52	0
Arbeitsfortschrittskontrolle (TS)	Std.	140	35
Summe der Kosten p. a.	€/Jahr	60.743	26.390
Einsparungen durch BDE p. a.	€/Jahr		34.353

Tabelle 4

Nutzen der Betriebsdatenerfassung und Nachkalkulation nach Zahlen des IRD

Die Einsparungsmöglichkeiten infolge der Vernetzung der Betriebsdatenerfassung und Nachkalkulation sind in Teilen transparent. Dies gilt insbesondere für die wegfallende Tätigkeit der Eingabe von Tageszetteln. Inwieweit der Wegfall von Klärungs- und Kontrolltätigkeiten tatsächlich finanzwirksam wird, hängt vom Einzelfall ab, zumal gerade in der Einführungsphase der vernetzten Betriebsdatenerfassung und Nachkalkulation die ermittelten Werte sehr intensiv kontrolliert werden müssen. An dieser Stelle nicht berücksichtigt, zukünftig aber zunehmend relevant, ist die Erfassung der vom Kunden verursachten Mehrarbeit. Hier können neue, vernetzungsfähige Softwareapplikationen helfen, die Gründe und den dadurch entstandenen Zusatzaufwand zu dokumentieren.

5.6
Nutzen des vernetzten Farbworkflows

In der Druckvorstufe werden am Bildschirm und am Scanner Farbdaten bearbeitet, die dann auf dem Proofer ausgegeben und schließlich gedruckt werden sollen. Ist der Farbworkflow von der Agentur über die Druckvorstufe bis hin zur Druckmaschine nicht standardisiert, muss das Ergebnis zwischen Kunde und Drucker abgestimmt werden. Die Abstimmungsprozesse an der Druckmaschine kosten Zeit und damit Geld. Wird das Druckprodukt nicht abgestimmt, so liegt die Entscheidung über die Farbigkeit des Druckauftrags in der Hand des jeweiligen Druckers. Bei gravierenden Farbabweichungen können Aufträge nicht verkauft bzw. müssen nachgedruckt werden.

Durch eine Vernetzung des Farbworkflows soll Folgendes erreicht werden:

- Mehr *Produktivität* vom ersten Schritt bis zum fertigen Druck,

- Höhere *Zuverlässigkeit* und Konstanz in der Druckqualität,

- *Kürzere Rüstzeit* und weniger Makulatur,

- *Farbtreue Proofs*,

- Höhere *Verlässlichkeit* gegenüber dem Kunden.

Der vernetzte Farbworkflow basiert auf Produkten, die im Bereich der Maschinenvoreinstellung Verwendung finden, beinhaltet aber auch Dienstleistungen sowie in der Regel den Einsatz von spektralphotometrischen Mess- und Steuereinrichtungen. Der vernetzte Farbworkflow ermöglicht eine stabilere Qualität, sodass unterschiedlich qualifizierte Drucker eine gleichbleibend gute Qualität erreichen können.

Die Musterrechnung geht von einer Situation aus, in der die Farbzonenvoreinstellung bereits realisiert ist. Betrachtet wird die zu erzielende Verbesserung durch Standardisierung der Prozesse. Bei 7 Aufträgen pro Tag und 225 Arbeitstagen im Jahr, einem Papierpreis von 70 € pro 1000 Bogen und Platzkosten für die Druckmaschine von 200 € ergibt sich bereits bei einer dreiminütigen Verkürzung der Einrichtzeit und 100 Bogen weniger Makulatur pro Auftrag eine Ersparnis in der Größenordnung von 26 T€ pro Maschine und Jahr.

		ohne PCM	mit PCM	Differenz
Einrichtzeit pro Auftrag	Min.	26	23	3
Einrichtzeit pro Arbeitstag	Min.	182	161	21
Makulatur beim Einrichten	Bogen	500	400	100
Makulatur pro Arbeitstag	Bogen	3.500	2.800	700
Kosten Einrichtzeit/Maschine	€/Jahr	136.500	120.750	15.750
Kosten Material/Maschine	€/Jahr	55.125	44.100	11.025
Gesamtkosten	€/Jahr	191.625	164.850	26.775

Tabelle 5
Nutzen des standardisierten Farbworkflows

Relativierend muss angemerkt werden, dass natürlich für das Einrichten der Druckmaschine häufig bereits bedrucktes Papier verwandt wird, sodass die tatsächliche Ersparnis eher bei der Hälfte der angegebenen Kosten liegt. Auch die gesparte Einrichtzeit ist zunächst eine kalkulatorische Größe, die aber bei Kapazitätsengpässen und Ausweitung des Schichtbetriebs relevant werden kann.

5.7
Amortisationsdauer eines Vernetzungsprojekts

Bei den häufig dünnen Kapitaldecken der Druckdienstleister müssen teure Investitionen nicht nur qualitativen Nutzen stiften, sondern sich auch positiv auf die finanzielle Lage des Unternehmens auswirken. Von daher sollten unbedingt Investitionsrechnungen durchgeführt werden. Bei aller Skepsis, die gegenüber Aussagen zu zukünftigen Ereignissen angebracht erscheint, vermittelt eine Investitionsrechnung eine gute Grundlage zur Beurteilung des wirtschaftlichen Sinns von Investitionen.

Im Praxisbeispiel werden die Mittelrückflüsse ermittelt und den Investitions- und laufenden Wartungskosten gegenübergestellt. Daraus wird die Amortisationsdauer ermittelt, die als Kriterium für die Investitionsentscheidung herangezogen wird. Eine Amortisationsdauer von zwei bis drei Jahren wird als lohnenswerte Investition betrachtet. Liegt die Amortisationszeit darüber, so können die Investitionen nur über strategische Ziele wie beispielsweise Technologieführerschaft, verbesserte Vermarktungsmöglichkeiten bzw. Bindung bestimmter Kunden gerechtfertigt werden.

Amortisationsdauer

> Die Amortisationsdauer ist die Zeitspanne, in der alle Ausgaben durch Mittelrückflüsse gedeckt sind. Andere Bezeichnungen sind: pay-back-period, pay-off-period, Kapitalrückflussdauer.

5.7.1
Grundlagen für die Berechnung der Amortisationsdauer

In der Investitionsrechnung von Unternehmen kommen normalerweise zwei Kennzahlen zur Anwendung: Der Return-on-Investment und die Amortisationsdauer.

ROI

> Der Return-on-Investment (ROI) ist eine Kennzahl zur Ermittlung der Rentabilität von Investitionen. Der ROI ist das Produkt aus Umsatzrentabilität (Verhältnis des Gewinns zum Umsatz) und Kapitalumschlag (Verhältnis des Umsatzes zum Kapitaleinsatz).

Beide Kennzahlen dienen dazu, eine quantitative Aussage über den Erfolg einer Investition zu machen. Während die Aussage des Return-on-Investment darin liegt, zu bestimmen, wie hoch der durch die Investition erzielte Gewinn über einen festgelegten Zeitraum ist, möchte man mit der Amortisationsdauer berechnen, wann die Investitionskosten wieder eingespielt, d. h. amortisiert sind. An dieser Stelle soll die in der Praxis üblichere Methode der Amortisationsdauerberechnung verwendet werden.

Die Amortisationsdauer t ergibt sich aus der Zeit, in der die diskontierten, kumulierten Mittelrückflüsse die aufgebrachten Investitionskosten wieder eingespielt haben. Diskontiert bedeutet dabei, dass der Zeitwert des Geldes berücksichtigt wird (Geld ist in Zeiten von Geldentwertung heute mehr wert als in zukünftigen Perioden). Alternativ zur Inflationsrate werden auch Finanzierungskosten für die Diskontierung herangezogen.

Gl. 1: Berechnung der Amortisationsdauer

$$0 \leq -C_0 + \frac{C_1}{1+r} + \frac{C_2}{(1+r)^2} + \ldots + \frac{\cdot C_t}{(1+r)^t}$$

$C_0 = \text{Investition}$
$C_1 = \text{Kapitalrückfluss erste Zahlungsperiode}$
$C_2 = \text{Kapitalrückfluss zweite Zahlungsperiode}$
$C_t = \text{Kapitalrückfluss letzte Zahlungsperiode}$
$r = \text{Zinsatz der Finanzierungskosten}$

Die Amortisation beruht auf dem monatlichen Mittelrückfluss, d. h. den angenommenen Erlösen pro Monat abzüglich der Aufwendungen bzw. den Einsparungen, die durch das Investment realisiert werden. Die Amortisationsdauer gibt dabei weder Auskunft über die Periode, in welcher es zu einem Mittelrückfluss kommt, noch über die generierte Wertsteigerung (da nach Amortisation des Investments die Betrachtung abbricht). Die vor der Investitionsentscheidung durchgeführte Investitionsrechnung sollte zur Kontrolle des Projekts mit Istwerten abgeglichen werden.

Dabei ist zwischen pagatorischen und kalkulatorischen Einsparungen zu unterscheiden. Pagatorische Einsparungen sind in Form von Mittelrückflüssen finanzwirksam, kalkulatorische Einsparungen sind nicht unmittelbar mit einem Mittelrückfluss verbunden. Kalkulatorische Einsparungen werden erst durch den Abbau von Personal bzw. Produktionskapazitäten pagatorisch wirksam.

Pagatorische Kosten sind finanzwirksame Kosten. Im Gegensatz gibt es kalkulatorische Kosten wie z. B. Unternehmerlohn, Eigenkapitalzinsen etc.

Pagatorische Kosten

5.7.2
Praxisbeispiel

Der als Beispiel dienende Druckdienstleister arbeitet mit 38 Mitarbeitern im Zweischichtbetrieb auf 4 Druckmaschinen im Mittel- und Kleinformat. Diese Maschinen sind 15,5 Stunden am Tag ausgelastet. Der Betrieb betreut etwa 300 Kunden, jährlich werden ca. 2.500 Aufträge bearbeitet und 5.500 Angebote geschrieben. Das Produktionsspektrum gliedert sich auf in 30 % Standardprodukte wie Geschäfts- und Werbedrucksachen, 50 % aufwendige Produkte wie Broschüren und Kalender sowie 20 % Periodika wie Zeitschriften und Magazine.

Bereits früh hat das inhabergeführte Unternehmen Erfahrungen mit Vernetzungskonzepten gesammelt. 1998 wurden erste Versuche unternommen, die allerdings an der mangelnden Integrationsfähigkeit und an der schwachen Funktionalität des eingesetzten

Anfrage- und Auftragsmanagementsystems gescheitert sind. Daraufhin wurde im Jahr 2000 ein Lieferantenwechsel vorgenommen. Mit einem komplett erneuerten Maschinenpark führte der dreistufige Betrieb sukzessive die Vernetzungsstrecken Voreinstellung, Auftragsvorbereitung, Produktionsplanung und -steuerung, Farbmanagement sowie Betriebsdatenerfassung und Nachkalkulation ein. Dabei setzte der Druckdienstleister auf Prinect, das Vernetzungsangebot der Heidelberger Druckmaschinen AG.

In einem zweitägigen Workshop wurden Umfang und Inhalt der Vernetzung festgelegt. Auf die Vernetzung der Weiterverarbeitung wurde zunächst verzichtet. Alle Aufmerksamkeit galt dem Drucksaal, der einen Großteil der Wertschöpfung generiert. Gestartet wurde das Projekt mit der Einführung der Farbzonenvoreinstellung und des Anfrage- und Auftragsmanagementsystems. Nachdem die Mitarbeiter im Auftragsmanagement im Umgang mit dem Anfrage- und Auftragsmanagementsystem vertraut waren, wurde mit der Standardisierung des Farbworkflows über spektralphotometrische Messeinrichtungen sowie der Einrichtung der Vernetzungsstrecken Auftragsvorbereitung sowie Produktionsplanung und -steuerung begonnen. Nach sechs Monaten waren die Prozesse so weit etabliert, dass die vernetzte Nachkalkulation eingeführt werden konnte.

Die Einführung der Betriebsdatenerfassung und Nachkalkulation wurde in ausführlichen Gesprächen vorbereitet, um eine große Akzeptanz bei der Belegschaft zu erreichen. Trotz anfänglicher Skepsis der Belegschaft gegenüber einer kompletten Zeiterfassung waren viele Mitarbeiter überrascht festzustellen, wie viel Zeit für welche Tätigkeiten, insbesondere Nebentätigkeiten, aufgewendet wird.

Mit Hilfe eines ROI-Tools wurde der Nutzen der Vernetzung abgeschätzt. Hierfür wurde der Zustand nach Abschluss des Vernetzungsprojekts mit dem vorherigen Zustand einer unbefriedigenden, nicht funktionierenden Teilvernetzung verglichen. Über den unvernetzten Zustand waren keine ausreichenden Informationen mehr verfügbar. An der Aussagekraft des Praxisbeispiels ändert das nichts, da beim untersuchten Betrieb aufgrund der mangelnden Funktionstüchtigkeit der Vernetzung Arbeitsweisen üblich waren, die einem Zustand ohne Vernetzung sehr nahe kommen.

5.7.3
Quantitativer Nutzen der Vernetzung

Der untersuchte Druckdienstleister hat im Zuge des Vernetzungsprojekts seine Mitarbeiter im Auftragsmanagement von 4 auf 2½ reduzieren können. Eine halbe Stelle wurde nicht wieder besetzt, eine weitere Person hat intern eine andere Aufgabe zugewiesen bekommen. Dieser Personalabbau im Auftragsmanagement wurde durch effizientere Abläufe bei der Auftragsvorbereitung und Betriebsdatenerfassung ermöglicht.

Für den Druckdienstleister ergibt sich durch die Vernetzung des Auftragsmanagements insgesamt eine Einsparung von 16,7 %, wobei die Einsparungen bei Standardprodukten 21,0 %, bei aufwendigen Produkten 13,2 % und bei Periodika 11,0 % betragen. Diese Einsparung entspricht ca. 1200 Stunden Arbeitszeit. Sie beruht auf einer gegenüber dem vorherigen Zustand erheblich verbesserten Koordination. Dies drückt sich u. a. in einer reduzierten Anzahl von Besprechungen sowie einer starken Abnahme der Rückfragen aus. Durch den verbesserten Informationsfluss konnte die Anzahl der Rückfragen zwischen Mitarbeitern des Auftragsmanagements und der Produktion von insgesamt 40 auf 10 pro Tag reduziert werden.

Durch die automatische Übertragung der Maschinen- und Betriebsdaten in das Anfrage- und Auftragsmanagementsystem entfallen ca. 330 Stunden Eingabezeit. Zusätzlich konnten die Kontrollen der Tageszettel durch den Produktionsleiter und die damit verbundenen Rückfragen durch das Auftragsmanagement halbiert werden. Der verringerte Kontrollaufwand wurde mit ca. 50 Stunden quantifiziert.

Durch die komplette Erfassung aller Tätigkeiten konnten zusätzlich erbrachte Mehrleistungen in der Größenordnung von 95 T€ erkannt werden, von denen allerdings nur 45 T€ den Kunden berechenbar waren. Die verbleibenden Mehrleistungen waren Leistungen, die unter Kulanz fielen.

Für die Vernetzung des Farbworkflows wurde in Image Control investiert. Damit waren Investitionen in der Größenordnung von ca. 180 T€ erforderlich. Diesen Investitionen stehen erhebliche Einsparungen gegenüber.

Die Rüstzeit der Druckmaschinen ließ sich von 20 bis 25 Minuten auf 10 bis 15 Minuten reduzieren. Bei ca. 12 Rüstvorgängen pro Tag und Maschine, 100 Bögen weniger Makulatur pro Rüstvorgang, Platzkosten von 150 € pro Maschine, 225 Arbeitstagen und einem durchschnittlichen Papierpreis von 35 € pro 1.000 Bogen ergab sich eine Einsparung von insgesamt 76.950 € pro Maschine. Dabei entfielen 67.500 € auf Rüstzeitersparnisse und 9.450 € auf verringerten Papierverbrauch.

5.7.4
Bewertung der Investitionsentscheidung

Für die Ermittlung der Amortisationsdauer werden zwei Bereiche getrennt betrachtet: die Vernetzung der Auftragsvorbereitung, der Produktionsplanung und -steuerung sowie der Betriebsdatenerfassung und Nachkalkulation auf der einen Seite – zusammengefasst unter dem Begriff der Betriebsdatenvernetzung – und die Vernetzung der Maschinenvoreinstellung und des Farbworkflows auf der anderen Seite.

Den Anfangsinvestitionen und laufenden Ausgaben für Softwarewartungsverträge steht ein Mittelrückfluss aus eingesparten Personalkosten gegenüber. Dabei wird ein kalkulatorischer Zins von 10 % angesetzt. Die Höhe der Investitionen wird maßgeblich vom neuen AMS beeinflusst, das eine betriebsnotwendige Ausgabe darstellt. Die Erfassung von Mehrleistungen wird von der realisierten Vernetzung bislang nicht unterstützt und hat von daher keine Auswirkung auf die Amortisationsdauer.

Schließt man die Kosten für das Anfrage- und Auftragsmanagementsystem in die Amortisationsdauerberechnung ein, so wird im vierten Jahr mit der Betriebsdatenvernetzung ein positiver Nettogeldwert erwirtschaftet. Ohne AMS hätte sich die Investition bereits im zweiten Jahr amortisiert.

Bei der Vernetzung der Maschinenvoreinstellung und des Farbworkflows stehen den Anfangsinvestitionen in Prinect Image Control, Dienstleistungen und laufenden Ausgaben für Wartungsverträge Mittelrückflüsse aus eingesparten Rüstzeiten und geringerem Papierverbrauch gegenüber.

Theoretisch wird bei diesen Vernetzungsstrecken nach zwei Jahren ein positiver Nettogeldwert erwirtschaftet. Praktisch wird diese Amortisation allerdings nur dann pagatorisch wirksam, wenn sich das Unternehmen an seiner Kapazitätsgrenze bewegt. Im Praxisbeispiel lässt sich durch die Rüstzeitersparnis die in Spitzen notwendige dritte Schicht vermeiden.

Jahr		2001	2002	2003	2004
Investition: AV, PPS, BDE	€	−120.000			
Softwarewartung	€	−8.000	−8.000	−8.000	−8.000
Mittelrückfluss Personalkosten (1½ Stellen)	€		+60.000	+60.000	+60.000
Nettogeldwert nach Mittelrückfluss ($r = 10\,\%$)	€	−128.000	−88.800	−29.680	+19.352

Tabelle 6 Amortisationsdauer für die Betriebsdatenvernetzung

Jahr		2001	2002	2003	2004
Investition Farbworkflow	€	−180.000			
Mittelrückfluss Rüstzeit pro Maschine	€		+67.500		
Mittelrückfluss Makulatur pro Maschine	€		+9.450		
Nettogeldwert nach Mittelrückfluss für vier Druckmaschinen ($r = 10\,\%$)	€	−180.000	+109.800		

Tabelle 7 Amortisationsdauer für die Vernetzung des Farbworkflows

Zusammenführend lässt sich feststellen, dass sich die erzielten Einsparungen unmittelbar auf die Vernetzung zurückführen lassen. Die hier dargestellten Einsparungen reichen jedoch nicht aus, um die komplette Vernetzung eindeutig zu rechtfertigen. Bei Kaufentscheidungen sind allerdings zusätzlich qualitative Nutzenaspekte zu berücksichtigen, die sich in Form einer besseren Qualität der Abläufe, einer geringeren Fehleranfälligkeit, einer erhöhten Kundenzufriedenheit und einer effizienteren Steuerung des Betriebs niederschlagen. Die qualitativen Kriterien sind schwer in konkrete, verlässliche Zahlen zu fassen. Dennoch sollten diese ein gewichtiges Argument bei Investitionsentscheidungen sein.

6 Vorgehen bei Realisierung der Prozessintegration

Die Prozessintegration hat einschneidende Auswirkungen auf die Prozesse des Druckdienstleisters. Fehlentscheidungen sowie mangelhafte organisatorische Vorbereitung der Vernetzung können den Produktionsprozess nachhaltig stören. Von daher ist bei der Planung und Umsetzung eines Vernetzungsprojekts ein sorgfältiges und umsichtiges Projektmanagement geboten.

Bei der Durchführung des Projekts ist es sinnvoll, zunächst die Voraussetzungen der Vernetzung abzuklären. Hürden bei der Realisierung von Vernetzungsprojekten können die interne Durchsetzbarkeit im Unternehmen, z. B. Einwände des Betriebsrats, sowie eine mangelnde Systematik der vorhandenen Abläufe sein. Aber auch ein nicht geeigneter Maschinenpark kann die Kosten der Vernetzung in eine nicht zu rechtfertigende Höhe treiben. Sind die Voraussetzungen für ein erfolgreiches Vernetzungsprojekt geklärt, so kann mit der schrittweisen Umsetzung begonnen werden. Nach Abschluss des Vernetzungsprojekts müssen die neu eingeführten Prozesse fortlaufend überprüft werden.

6.1
Voraussetzungen für die Vernetzung

Bevor die Investitionsentscheidung für ein Vernetzungsprojekt getroffen wird, sollten daher die erforderlichen organisatorischen und technischen Voraussetzungen geklärt sein. Manchmal mag es ratsam sein, die eigentliche Vernetzungsinvestition aufzuschieben und zunächst die notwendigen Voraussetzungen zu schaffen.

6.1.1
Technische Voraussetzungen

Die technischen Voraussetzungen beziehen sich im Wesentlichen auf die Vernetzungsfähigkeit des Anfrage- und Auftragsmanagementsystems, des Druckvorstufenworkflows und der Maschinen.

Die Vernetzungsfähigkeit von Anfrage- und Auftragsmanagementsystemen unterscheidet sich stark. Schnittstellen, die die Maschinendatenerfassung für die Nachkalkulation unterstützen, sind vielfach noch nicht existent, Erfahrungen mit der Übergabe von Prozessplänen aus dem Auftragsmanagement an die Druckvorstufe liegen bislang nicht vor. Auf absehbare Zeit werden nur wenige, durch das CIP4-Konsortium zertifizierte Anfrage- und Auftragsmanagementsysteme im Markt verfügbar sein, die JDF vollumfänglich unterstützen.

In der Druckvorstufe wird die Vernetzungsfähigkeit mit dem Anfrage- und Auftragsmanagementsystem erst für die neuen, JDF-basierten bzw. mit JDF-Schnittstellen ausgerüsteten Workflows hergestellt. Problematisch ist dabei der kreative Anteil in der Druckvorstufe, der häufig einen Großteil des Arbeitsaufwands ausmacht, da Layout- bzw. Bildbearbeitungsprogramme sich bislang nicht in die JDF-Architektur einfügen lassen. Hier bieten einzelne Softwarehäuser datenbankbasierte Lösungen an, die es ermöglichen, den Zeitaufwand für die Bearbeitung des Dokuments zu erfassen.

Die Netzwerkfähigkeit für installierte Druckmaschinen herzustellen, sodass diese mit dem Anfrage- und Auftragsmanagementsystem Daten auf dem neusten Stand der Technik austauschen können, kann mit erheblichen Kosten verbunden sein. Diese können so hoch sein, dass eine Vernetzung nicht sinnvoll ist. Ältere Druckmaschinen können über BDE-Terminals in eine Vernetzungsarchitektur integriert werden. Einige Anbieter von Anfrage- und Auftragsmanagementsystemen bieten für diese Fälle externe Sensorik an, mit denen die Anzahl der bedruckten bzw. gefalzten Bögen erfasst werden kann.

In all diesen Fällen ist zu prüfen, ob ein wirtschaftlich zu rechtfertigender Upgrade erhältlich ist, der den gewünschten Funktionsumfang abdeckt, oder ob nicht in eine neue Lösung investiert werden sollte, die eine bessere Zukunftsperspektive bietet.

6.1.2
Organisatorische Voraussetzungen

Prozessintegration erfordert einen hohen Anteil kalkulierter Aufträge, da nur so die in der Produktion erforderlichen Informatio-

nen bereitgestellt werden können. Vor Beginn eines Vernetzungsprojekts sollten von daher Prozesse etabliert sein, in denen festgelegt ist, dass durchgängig kalkuliert wird. Änderungen sollten
vom Auftragsmanagement bzw. vom jeweiligen Mitarbeiter in der
Produktion erfasst werden, damit immer aktuelle Auftragstaschen
beim Mitarbeiter in der Produktion vorliegen und aussagekräftige
Soll-Ist-Vergleiche durchgeführt werden können. Tageszettel sollten im Betrieb ebenso etabliert sein wie die Nachkalkulation und
statistische Auswertung der erhobenen Zahlen. Kundenverursachte
Mehrleistungen sollten erfasst werden.

Eine wesentliche Rolle bei Vernetzungsprojekten spielt die Unternehmensleitung. Sie muss über eine klare unternehmerische
Vision verfügen und die Mitarbeiter zu den Veränderungen mo-
tivieren können. Mit der Vernetzung sind große organisatorische
und technische Änderungen verbunden, die sich über einen län-
geren Zeitraum hinziehen können. Diese müssen durch geeignete
Kommunikations- und Schulungsmaßnahmen begleitet werden.

6.2
Schrittweise Realisierung

Damit ein Vernetzungsprojekt erfolgreich abgeschlossen werden
kann, ist eine konsequente Projektplanung und -lenkung erforderlich. Der Umfang von Vernetzungsprojekten ist häufig so groß,
dass zunächst eine gründliche Analyse der Ist-Situation gemacht
werden sollte. Am Anfang eines jeden Vernetzungsprojekts stehen
daher eine Bedarfsanalyse und oft auch eine Prozesskostenanalyse.
Diese Phasen werden mit der Verabschiedung des Pflichtenhefts
abgeschlossen. Anhand dieses Pflichtenhefts kann ein geeigneter
Partner ausgewählt werden. Erst im Anschluss daran sollten die
organisatorischen Maßnahmen durchgeführt und das technische
Konzept umgesetzt werden. Am Ende steht die fortlaufende Über-
wachung der Prozesse auf Basis von Kennzahlen, die in der Analy-
sephase erarbeitet wurden.

6.2.1
Bedarfsanalyse

Die Bedarfsanalyse gibt es in Abhängigkeit des Klärungsbedarfs
des Druckdienstleisters in verschiedenen Ausprägungen. Weiß der
Druckdienstleister genau Bescheid, durch welche Investitionen er
seine Engpässe beheben und seine Prozesskosten senken kann, hat

er sich bereits im Vorfeld für einen Lieferanten entschieden, so kann er sich von diesem eine Bestandsaufnahme erstellen lassen, die in ein Pflichtenheft und schließlich in ein Angebot mündet.

Der Verzicht auf eine umfangreiche Bedarfsanalyse birgt die Gefahr, dass wesentliche Aspekte der Vernetzung übersehen werden, und es zu Fehlinvestitionen kommt. Von daher bietet sich eine strukturierte, ergebnisoffene Befragung von Mitarbeitern des Druckdienstleisters an, um Verbesserungspotenziale der aktuellen Abläufe zu ermitteln, organisatorische und technische Defizite festzustellen und Investitionsschwerpunkte festzulegen. Die Bedarfsanalyse muss sämtliche Prozesse des Druckdienstleisters umfassen und helfen, die notwendige Dimensionierung der Vernetzung inklusive der erforderlichen Arbeitsplätze korrekt zu bestimmen. Am Ende der Bedarfsanalyse steht ein Pflichtenheft, in dem klar definiert ist, welche Funktionalitäten mit dem Vernetzungsprojekt abgedeckt werden sollen, und in welchen Schritten die Realisierung des Vernetzungsprojekts geplant ist. Die Spezifikation sollte dabei sowohl die erforderlichen organisatorischen als auch die technischen Maßnahmen genau beschreiben. Weiter sind die für die Abnahme des Vernetzungsprojekts zu erfüllenden Kriterien aufzuführen.

Eine detaillierte Bedarfsanalyse nimmt Zeit in Anspruch. Die Erfahrung zeigt, dass der Arbeitsaufwand, der in eine klare, ausführliche Spezifikation investiert wird, normalerweise mehrfach bei der Projektrealisierung eingespart werden kann. Es liegt in der Entscheidung des einzelnen Druckdienstleisters, die Bedarfsanalyse selbst zu erarbeiten oder externe Hilfe in Anspruch zu nehmen. Sollte sich der Druckdienstleister entscheiden, die Bedarfsanalyse in Zusammenarbeit mit einem oder mehreren Lieferanten durchzuführen, läuft er Gefahr, dass das Vernetzungskonzept auf die Produktpalette des Lieferanten zugeschnitten ist und andere Lösungen nicht in Betracht gezogen werden. In jedem Fall sollte derjenige Mitarbeiter, der mit der Durchführung des Projekts betraut ist, vom Tagesgeschäft weitgehend entbunden sein, da die Bedarfsanalyse zeitaufwendig ist. Ein externer Berater kann herstellerneutral ein Konzept erstellen und dieses bis zur Realisierung begleiten. Mit Hilfe eines solchen Konzeptes ist es möglich, fundiert mit mehreren Anbietern zu verhandeln und tatsächlich zwischen verschiedenen Vernetzungskonzepten zu entscheiden.

  6 Vorgehen bei Realisierung der Prozessintegration

6.2.2
Prozesskostenanalyse

In der Prozesskostenanalyse werden die wesentlichen Geschäftsprozesse eines Druckdienstleisters anhand eines typischen Produktmixes von der Angebotsphase bis zur Auslieferung nachvollzogen. Hierzu werden die einzelnen Tätigkeiten, die von den Mitarbeitern für die Bearbeitung eines Auftrags durchgeführt werden, erhoben. Die Istsituation wird aufgenommen, Schwachstellen und Ineffizienzen identifiziert und ggf. Verbesserungsvorschläge unterbreitet. Die Verbesserungspotenziale werden anhand von Benchmarks monetär quantifiziert.

Benchmarking

Benchmarking ist ein Instrument des strategischen Controllings, mit dem Wertschöpfungsprozesse, Managementpraktiken, Produkte oder Dienstleistungen zwischen Unternehmen oder zwischen Geschäftseinheiten eines Unternehmens mit dem Ziel verglichen werden, Leistungsdefizite aufzudecken.

Prozesskostenanalysen können sehr aufwendig werden, da diese bis auf die Ebene einzelner Tätigkeiten reichen. Aus diesem Grund wird in der Praxis häufig auf eine Prozesskostenanalyse verzichtet, obwohl sie maßgebliche Informationen zum Reorganisationsbedarf und zur Erfolgsbeurteilung liefert.

In der Prozesskostenanalyse werden Gemeinkosten verursachungsgerecht, d. h. entsprechend ihres Aufwands, den Kostenträgern zugerechnet. Da die Prozesskostenrechnung sämtliche Gemeinkosten der indirekten Funktionsbereiche erfasst, handelt es sich um eine Vollkostenrechnung.

Vollkostenrechnung

Während bei der Vollkostenrechnung sämtliche Kosten auf die jeweiligen Bezugsgrößen (z. B. Kostenstellen, Kostenträger) verrechnet werden, berücksichtigt die Teilkostenrechnung nur die für den jeweiligen Zweck der Kostenrechnung relevanten Kosten.

In der Prozesskostenanalyse werden die Prozessketten sowohl bezüglich des organisatorischen und technischen Ablaufes als auch bezüglich der Einzelkosten und der auf die Prozesse bzw. Aufträge herunterzubrechenden Gemeinkosten untersucht. Im Einzelnen können folgende Schritte unterschieden werden:

1. Es werden die kostentreibenden Prozesse im Beschaffungs-, Produktions-, Verwaltungs- und/oder Absatzbereich identifiziert und in einzelne Tätigkeiten untergliedert. Dabei lassen sich

in jedem Kostenbereich leistungsmengeninduzierte und leistungsmengenneutrale Prozesse unterscheiden. Bei leistungsmengeninduzierten Prozessen besteht eine Abhängigkeit zwischen dem Arbeitsvolumen eines Prozesses und dem Leistungsvolumen der Kostenstelle, z. B. die Auflage auf der Kostenstelle Druckmaschine. Bei leistungsmengenneutralen Prozessen, wie z. B. der Arbeitsvorbereitung, besteht diese Abhängigkeit nicht.

2. Einzelne Tätigkeiten werden zu Aktivitäten zusammengefasst, die zu einem bestimmten Arbeitsergebnis in einer Kostenstelle führen. So macht es wenig Sinn, jeden einzelnen Prozess innerhalb des Druckvorstufenworkflows wie beispielsweise Preflight, Trapping, Color Management getrennt zu untersuchen. Diese Tätigkeiten werden zur Aktivität „Formherstellung" zusammengefasst.

3. Die Kosteneinflussgrößen (Kostentreiber) werden bestimmt und Bezugs- und Schlüsselgrößen festgelegt, die geeignet sind, den Umfang der Aktivitäten und die Höhe der Kosten abzubilden. Ein Teil der Kosten ist dem Prozess verursachungsgerecht zuzurechnen (leistungsinduziert), ein anderer Teil kann jedoch nicht zugeordnet werden (leistungsmengenneutral).

4. Gemeinkosten, die durch eine Aktivität und damit einen Kostentreiber hervorgerufen werden, werden zu Kostenpools zusammengefasst.

5. Für die gebündelten Aktivitäten werden ein oder mehrere Gemeinkostenverrechnungssätze festgelegt. Für diese leistungsmengenneutralen Kosten kommt das Beanspruchungs- oder das Durchschnittsprinzip zur Anwendung. Dabei werden die Gemeinkosten über eigene prozentuale Gemeinkostenverrechnungssätze auf die Kostenträger entsprechend der gewählten Bezugsgröße verrechnet.

Am Ende einer Prozesskostenanalyse steht das Wissen, was der einzelne Auftrag in Abhängigkeit von seiner Komplexität kostet. Die Auftragskosten werden hierzu mit Hilfe der Zuschlagskalkulation ermittelt. Ineffizienzen können bewertet, die Wirtschaftlichkeit des Produktmixes kann ermittelt werden. Mittels der Prozesskostenanalyse wird u. a. deutlich, welche Produktgruppen kostendeckend produziert werden können. Die Unternehmensleitung kann entscheiden, ob sie weiterhin nicht kostendeckende Produktgruppen anbieten möchte, um einen zusätzlichen Deckungsbeitrag zu erwirtschaften, ob sie die Gemeinkosten senken kann oder aber desinvestieren sollte.

6.2.3
Auswahl eines geeigneten Partners

Die Auswahl eines geeigneten Partners ist bei Vernetzungsprojekten eine wesentliche Aufgabe, da damit in den meisten Fällen
indirekt auch die Entscheidung bezüglich der Vernetzungsarchitektur getroffen wird. In der Praxis gibt es einige Zwänge, die
z. B. im bestehenden Maschinenpark begründet liegen. Dennoch
gibt es zumeist zwei oder drei Alternativen gegeneinander abzuwägen. Aus diesen die beste auszuwählen, ist nicht immer leicht,
da zum Zeitpunkt der Entscheidung oft noch nicht das Wissen vorhanden ist, welches Konzept langfristig zur besten Gesamtlösung
führt.

Ratsam ist, mit einem Partner eine quasi Generalunternehmerschaft zu vereinbaren. Der Generalunternehmer ist zusammen mit
den anderen Lieferanten für die Erarbeitung des Pflichtenhefts verantwortlich. Weiter hat der Generalunternehmer dafür zu sorgen,
dass Installation und Service reibungslos ablaufen. Er übernimmt
die Gesamtverantwortung für das Projekt während des gesamten
Lebenszyklus.

Folgende Aspekte sollten bei der Auswahl von Partnern Berück-
sichtigung finden. Die Gewichtung dieser Aspekte kann je nach
Unternehmen und Projektsituation unterschiedlich sein:

- Die vom Lieferanten angebotene Vernetzungsarchitektur ist ein
  wesentliches Kriterium bei der Partnerwahl. Eine zentrale Architektur, die eine effiziente, konsistente Handhabung der JDF
  über den gesamten Produktionsprozess ermöglicht, ist klar vor-
  zuziehen.

- Der Partner sollte sowohl über gutes technisches als auch kauf-
  männisches Wissen verfügen. Während das technische Wissen hilft, die Vernetzung im Produktionsworkflow umzusetzen,
  wird das kaufmännische Wissen benötigt, um den Kunden im
  Vorfeld zu beraten und eine aussagekräftige Nachkalkulation
  einzurichten.

- Der Partner sollte Erfahrung mit Vernetzungsprojekten mitbringen. Im Detail gibt es oft zahlreiche Probleme, die bei ausrei-
  chendem Erfahrungswissen reduziert werden können. So sind
  z. B. die herstellerspezifischen Private Sections oft ein Problem
  für eine durchgängige Übertragung der Daten.

- Probleme bei der Vernetzung treten an den Schnittstellen auf.
  Ein zentraler Service für sämtliche Komponenten des Workflows
  kann helfen, Probleme zeitnah in den Griff zu bekommen.

- Da die Vernetzung auch dazu genutzt werden kann, den Datendurchsatz im Netzwerk zu optimieren, Ressourcen besser zu nutzen und die Serverlandschaft zu konsolidieren, ist zudem ein Lieferant hilfreich, der Erfahrungen mit Servern, Netzwerken und Speicherlösungen hat.

6.2.4
Organisatorische Maßnahmen

Ein Vernetzungsprojekt bietet die Chance, die Organisationsstrukturen mit all ihren Prozessen kritisch zu überdenken und zu verbessern. Es macht keinen Sinn, den Betrieb zu vernetzen, ohne sich gleichzeitig Gedanken über Änderungen in der Aufbau- und Ablauforganisation zu machen. Bereits durch die im Vorfeld eines Vernetzungsprojekts umgesetzten Reorganisationsmaßnahmen können häufig erhebliche Einsparungspotenziale realisiert werden. Grundsätzlich sollten die organisatorischen Änderungen der Einführung der Technik vorauslaufen, da dann die neue Technik gleich auf den verbesserten Strukturen (Beseitigung von Schnittstellen, Integration von Arbeitsschritten) aufsetzen kann und nicht später noch einmal aufwendig an die dann verbesserten Strukturen angepasst werden muss.

Ziel muss es sein, Prozesse zu integrieren und Schnittstellen abzubauen. Es macht keinen Sinn, auf Basis einer unstrukturierten Ablauforganisation den Betrieb technisch zu vernetzen. Unstrukturierte Abläufe sind nur mit einem sehr hohen Aufwand zu automatisieren. Zunächst sollten daher die Prozesse von der Auftragsvorbereitung über die Produktionsplanung und -steuerung bis hin zur Nachkalkulation klar strukturiert werden. Die Verantwortung des Auftragsmanagements wird dabei zunehmen, da das Auftragsmanagement in vernetzten Betrieben auf die Produktion unmittelbar einwirkt. In anderen Bereichen wird es Entlastungen von nicht wertschöpfenden Tätigkeiten geben.

Bei der Durchführung von Vernetzungsprojekten ändern sich die Abläufe entscheidend. Das Auftragsmanagement wirkt sehr viel unmittelbarer auf die Produktion ein, als dieses bei unvernetzter Produktion der Fall ist. Die Verantwortungsbereiche müssen von daher neu geregelt werden. Folgende Varianten kommen in Abhängigkeit vom Vernetzungsumfang und dem Wissensstand der Mitarbeiter in Frage:

1. Auftragsmanagement als alleiniger Manager: setzt hohes Maß an Produktionswissen im Auftragsmanagement voraus. Das

Auftragsmanagement übernimmt dabei auch die Produktionsplanung und -steuerung. Bedarf zumeist der technischen Unterstützung durch z. B. Mitarbeiter der Druckvorstufe. Zurzeit ist zu beobachten, wie verschiedene Druckdienstleister Auftragsmanagement und Druckvorstufe organisatorisch und räumlich zusammenfassen.

2. Auftragsmanagement und technische Arbeitsvorbereitung: klassische Organisation bei Druckdienstleistern mit erhöhter Planungsnotwendigkeit. Die technische Arbeitsvorbereitung plant die Produktion und gewährleistet die termingerechte Auslieferung der Druckprodukte. Durch die Prozessintegration wird der Disponent entlastet und kann von daher andere Aufgaben z. B. im Auftragsmanagement mit übernehmen.

3. Auftragsmanagement als interdisziplinäres Team mit Innendienst, Arbeitsvorbereitung, Vorstufe, Verarbeitung: sehr zeitaufwendige Möglichkeit, Produktionsprozesse abzustimmen, da viel Zeit für Planungssitzungen in Anspruch genommen wird. Prozessintegration sollte helfen, den hohen Kommunikationsaufwand dieser Organisationsform zu reduzieren.

4. Auftragsmanagement plus verteilte Wissensbasis: Verantwortung liegt beim Auftragsmanagement. Das JDF wird an den einzelnen Arbeitsstationen angereichert. Die notwendige Transparenz bei Änderungen wird durch einen zentralen JDF-Server sichergestellt. Diese Variante setzt eine klare Aufgabenverteilung voraus. Funktioniert nur bei stark standardisierten Prozessen.

Grundsätzlich ist es sinnvoll, eine klare Struktur mit durchgängigen Prozessen anzustreben. So sollten die Daten prinzipiell jeweils nur einmal eingegeben werden und über klare Mechanismen den jeweiligen Mitarbeitern dezentral zur Verfügung gestellt werden. Nur so ist eine gute Pflege und langfristig die Konsistenz der Daten erreichbar. Weiter muss klar geregelt sein:

- Wer,

- unter welchen Bedingungen,

- wann,

- welche Daten

ändern darf. Nur mit einer klaren Festlegung kann sichergestellt werden, dass die Daten konsistent sind und zueinander passen.

6.2.5
Technische Umsetzung der Vernetzung

Nach Erstellung des Pflichtenhefts und Umsetzung der erforderlichen organisatorischen Maßnahmen kann die technische Umsetzung in Angriff genommen werden. Wichtig in dieser Phase ist die Untergliederung des Gesamtprojekts in einzelne, in sich abgeschlossene Phasen, die jeweils schon im Echtbetrieb laufen können, während die nächste Phase umgesetzt und getestet wird. Ein Konzept mit einzelnen Vernetzungsstrecken, die schrittweise eingeführt werden können, ist dabei hilfreich. Jede Phase wird durch Abnahme entsprechend der im Pflichtenheft festgeschriebenen Kriterien abgeschlossen.

Erfahrungen aus der Praxis zeigen, dass die Umsetzung von Gesamtvernetzungsprojekten ca. 9–12 Monate dauert. Tabelle 8 gibt einen ungefähren Eindruck von der Dauer der Phasen. Die Aufgaben der einzelnen Phasen können teilweise parallel bearbeitet werden. So kann beispielsweise während das neue Anfrage- und

Phase vor Auftragserteilung	Dauer
Bedarfsanalyse	ca. 1 Monat
Prozesskostenanalyse	ca. 2 Monate
Auswahl eines geeigneten Partners	ca. 1 Monat
Organisatorische Maßnahmen	ca. 3 Monate

Technische Umsetzung der Vernetzung	Dauer
Anfrage- und Auftragsmanagementsoftware einführen	ca. 3–6 Monate
Netzwerk im Drucksaal und der Weiterverarbeitung verlegen	ca. 1 Woche
Nachrüsten der Netzwerkfähigkeit von Druck- und Weiterverarbeitungsmaschinen	ca. 2 Wochen
E-Business einführen	ca. 2 Monate
Auftragsvorbereitung	ca. 2 Wochen
Maschinenvoreinstellung	ca. 1 Monat
Produktionsplanung und -steuerung	ca. 1 Monat
Farbworkflow	ca. 2 Monate
Nachkalkulation	ca. 2 Monate

Echtbetrieb	Dauer
	ca. 2 Monate

Tabelle 8
Beispielhafte
Prozessschritte der
Vernetzung

Auftragsmanagementsystem eingeführt und parallel zum alten System betrieben wird, um die Konsistenz der Daten sicherzustellen, bereits die Maschinenvoreinstellung realisiert werden. Auch ist die Einführung des E-Business losgelöst von der Einführung anderer Softwareapplikationen durchführbar. Erst bei Integration verschiedener Softwareapplikationen ist eine bestimmte Reihenfolge einzuhalten. Die Schnelligkeit der Umsetzung der Gesamtvernetzung hängt entscheidend von der Fähigkeit der Mitarbeiter des Druckdienstleisters ab, Sicherheit im Umgang mit neuen Softwareapplikationen zu gewinnen und neue Prozesse zu erlernen.

6.3
Erfolgsüberprüfung und fortlaufende Optimierung

Welchen Nutzen ein Unternehmen tatsächlich aus der Vernetzung zieht, hängt ganz erheblich vom Engagement der Unternehmensleitung ab. Die Vernetzungstechnologie bietet die Infrastruktur, über die das notwendige Zahlenmaterial effizient und zeitnah zur Verfügung gestellt wird. Doch erst die aus den Analysen und Auswertungen gezogenen Konsequenzen und deren tatkräftige Umsetzung machen aus einer technisch funktionierenden Vernetzung ein erfolgreiches Vernetzungsprojekt. Das Controlling ist nur so gut, wie die Basisdaten mit Sorgfalt erfasst werden. Eine zuverlässige und entsprechend strukturierte Nachkalkulation ist daher von zentraler Bedeutung.

Nachfolgend werden die Aufgaben des Controllings grob umrissen und wesentliche Statistiken für die Unternehmensleitung beschrieben. Damit soll verdeutlicht werden, welche Daten durch Vernetzung bereitgestellt werden können, und wozu diese dienen.

6.3.1
Aufgaben des Controllings

Ein wesentlicher Nutzen der Vernetzung liegt in der Bereitstellung von qualitativ hochwertigen Istdaten für die Unternehmensleitung. Diese müssen vom Controlling verdichtet und interpretiert werden. Anhand detaillierter Statistiken und eines aussagekräftigen Kennzahlensystems kann fortlaufend festgestellt werden, welche Prozesse nicht wie erwartet laufen bzw. welche Produktkategorien nicht profitabel sind. Es liegt dann an der Unternehmensleitung zu entscheiden, welche organisatorischen oder technischen Maßnahmen eingeleitet werden müssen, um die gewünschte Verbesserung zu erreichen.

Das Controlling orientiert sich am Kundennutzen, arbeitet mit Benchmarks sowie Ist- und Planwerten. Für die Wettbewerbsfähigkeit eines Druckdienstleisters sind insbesondere die vier Schlüsselkriterien Kosten, Qualität, Service und Zeit wichtig. Diese gilt es zu messen. In der Praxis stehen allerdings häufig Wirtschaftlichkeitsübersichten im Mittelpunkt.

6.3.2
Wichtige Statistiken der Geschäftsleitung

Die beispielhaft angeführten Statistiken erlauben die zahlenbasierte Führung des Betriebes. Sie geben einen groben Überblick über standardmäßig auszuwertende Betriebsdaten. Diese Statistiken sind auf den Bedarf des jeweiligen Betriebs hin anzupassen und zu ergänzen. Die folgende Auflistung erhebt von daher keinen Anspruch auf Vollständigkeit.

- Die *Ergebnisübersicht* stellt die Ergebnisse auftragsbezogen dar. Sofern ein Auftrag in der Tageszettelerfassung als fertig gemeldet ist, erscheint das Ergebnis, der Deckungsbeitrag und die Umsatzrentabilität des Auftrags in den Statistiken des Anfrage- und Auftragsmanagementsystems. Diese Liste ist geeignet, um die Nachkalkulation der Aufträge einzeln zu kontrollieren und auszuwerten.

- Die *Kundenanalyse* stellt Umsatzdaten und Wandlungsquote, das Verhältnis von Angeboten zu Aufträgen pro Kunde dar. Ein Vergleich mit den Vorjahreswerten gibt Aufschluss über die bestehende und zukünftige Kundenbindung.

- Der *Produktgruppenanalyse* können Umsätze, Deckungsbeiträge und Kosten von Produktgruppen entnommen werden. Die Produktgruppenanalyse zeigt, welche Produkte Gewinn abwerfen und welche unrentabel sind. Eine durchgängige Erfassung von Prozessstörungen zeigt oft, dass für bestimmte Produktgruppen die Qualitätskriterien entweder durch Kundenvorgaben oder Produkttoleranzen für den Produktionsbetrieb zu eng gesetzt sind. Solche Produktgruppen, oder auch Kunden, bringen keinen Gewinn.

- Die *Kostenstellenstatistik* stellt für jede Kostenstelle Hilfs- und Fertigungszeiten gegenüber und ermittelt gleichzeitig betriebswirtschaftliche Kennzahlen wie Beschäftigungs- und Hilfszeitgrad. Unter dem Gesichtspunkt, dass die fixen Kosten einer Druckerei mit bis zu 80% der Gesamtkosten ausmachen, sollte immer auf den Beschäftigungsgrad, der die Anzahl der wertschöpfenden Fertigungsstunden widerspiegelt, geachtet werden. Des Weiteren werden in der Kostenstellenstatistik die Maschinenstillstandszeiten aufgrund von Defekten transparent. Diese können genutzt werden, um geeignete Maßnahmen für die fortlaufende Wartung der Maschinen einzuleiten bzw. die nächste Investition vorzubereiten.

- Um *Fehl- und Wiederholungsarbeiten* zu erfassen, werden Prozessschwankungen und Prozessstörungen unterschieden. Prozessschwankungen sind willkürlich auftretende Schwankungen, die mit dem Produktionsprozess (z. B. im Prozess der Offset-Plattenkopie die Fehlkopie) verbunden sind. Die in diesem Prozess auftretenden Fehlerkosten und -zeiten reduzieren den Nutzungsgrad der Kostenstelle (erhöhen die Hilfszeiten und somit den Stundensatz). Diese Kosten können keinem Auftrag zugeordnet werden. Prozessstörungen sind Störungen im geplanten Auftragsdurchlauf, die organisatorisch bedingt sind. Diese Störungen sind einem bestimmten Umstand zuzuschreiben und treten nicht zufällig auf. Die Kosten haben Kostenträgerbezug, die den Gewinn der jeweiligen Aufträge reduzieren. Fehlarbeiten oder Wiederholungsarbeiten sind teure Störungen im Fertigungsablauf und können durch geeignete Gegenmaßnahmen reduziert werden. Bei der Fehleranalyse ist zu klären, ob der Kunde für den entstandenen ökonomischen Schaden verantwortlich gemacht werden kann, bestimmte Fertigungsrichtlinien oder vorgesehene Qualitätsprüfungen nicht eingehalten wurden bzw. ob kleine Investitionen die Fehl- und Wiederholungsarbeiten reduzieren helfen.

- In der *Mehrarbeitsstatistik* sind diejenigen Leistungen erfasst, die vom Kunden aufgrund fehlerhaft angelieferter Dateien, zu später Korrekturwünsche etc. verursacht werden. Hier sind alle Kosten von der Arbeitszeit, Materialkosten und Maschinenstillstandkosten enthalten. Ob diese Kosten dem Kunden in Rechnung gestellt werden können, entscheidet die Geschäftsleitung.

7 Schlussbemerkung

In der Vergangenheit konnten Druckdienstleister durch Investitionen in immer leistungsfähigere Maschinen und durch Automatisierung einzelner Produktionsprozesse erhebliche Produktivitätssteigerungen erzielen. Doch ist das damit erzielbare Effizienzsteigerungspotenzial technisch ausgeschöpft. Der nächste Entwicklungsschub kommt durch Integration der gesamten Wertschöpfungskette unter Einbeziehung externer Partner.

Mit dem Industriestandard JDF steht die erforderliche Technologie für eine umfassende Prozessintegration in der Printmedien-Industrie zur Verfügung. JDF ermöglicht Herstellern erstmalig, auf Basis einer Schnittstellensystematik die unterschiedlichen Produktionsumgebungen zu integrieren. Hierzu haben Hersteller und Initiativen unterschiedliche Vernetzungsarchitekturen entwickelt.

In Zukunft ist beim Kauf neuer Maschinen und Softwareapplikationen vermehrt auf deren Vernetzungsfähigkeit zu achten. Wird eine Gesamtvernetzung des Betriebs angestrebt, so ist eine zentrale Vernetzungsarchitektur zu bevorzugen, da nur diese einen konsistenten und transparenten Datenaustausch gewährleistet.

Gerade im Rahmen von Gesamtvernetzungsprojekten kann es sinnvoll sein, aus der Vielfalt der Anbieter nur sehr wenige für ein Projekt auszuwählen, um so möglichen Schnittstellenproblemen aus dem Weg zu gehen.

Die beste Technologie aber hilft nichts, wenn die erforderlichen organisatorischen Maßnahmen nicht konsequent umgesetzt werden und die Unterstützung des Lieferanten in Form von Beratungsleistungen, Service und Bereitstellung einer umfassenden Dokumentation mangelhaft ist.

Die Technologien und Produkte für die Prozessintegration stehen bereit. Jetzt sind unternehmerische Entscheidungen gefragt, die daraus resultierenden Chancen zu erkennen und umzusetzen.

Anhang

Die folgenden Checklisten sollen dem Leser im Vorfeld von Vernetzungsprojekten Anregungen liefern, um Prozessineffizienzen aufzudecken und ein geeignetes Vernetzungskonzept zu erarbeiten. Die Checklisten erheben keinen Anspruch auf Vollständigkeit.

Checkliste zur Überprüfung von Prozessineffizienzen

1. Sind die Geschäfts- und Produktionsprozesse dokumentiert?

Eine Prozessdokumentation ist eine sinnvolle Basis, um die organisatorischen Voraussetzungen für die Prozessintegration zu prüfen. Wenn standardisierte Prozesse nicht etabliert sind, sollten zunächst die organisatorischen Voraussetzungen für die Vernetzung geschaffen werden.

2. Werden Aufträge vom Außendienst korrekt kalkuliert?

Bei der Kalkulation von Aufträgen durch den Außendienst kann es, sofern sie keinen Zugriff auf zentrale Datenbanken haben, zu fehlerhaften Berechnungen kommen, weil Kostenfaktoren nicht korrekt berücksichtigt werden.

3. Werden Anfragen, Aufträge oder Lieferscheine mittels Textverarbeitung und zusammengesuchten Daten manuell erstellt?

Eine solche Vorgehensweise erlaubt keine Datenkonsistenz. Die Fehleranfälligkeit ist hoch, durch Mehrfacharbeiten geht Zeit verloren, eine sichere Speicherung und Weitergabe ist nicht immer gewährleistet.

4. Werden im Auftragsmanagement Daten lokal verwaltet?

Bei lokaler Datenhaltung von z. B. Daten für die Erstellung von Anfragen, technischen Aufträgen und die Auswahl von Lieferanten für die geplante Fremdvergabe sind Änderungen nicht allen Mitarbeitern des Auftragsmanagements bekannt, die Pflege lokaler Daten ist grundsätzlich problematisch.

5. Welcher Prozentsatz der Aufträge wird im AMS kalkuliert?

Die Vernetzung des Auftragsmanagement macht nur Sinn, wenn der Anteil kalkulierter Aufträge sehr hoch ist. Nur so ist gewährleistet, dass die notwendigen Daten in der Produktion vorliegen und eine sinnvolle Nachkalkulation und statistische Auswertung gemacht werden kann.

6. Werden Aufträge in der Produktion bearbeitet, ohne dass diese zuvor kalkuliert wurden, oder wird die Reihenfolge gegenüber der Bearbeitung im Auftragsmanagement geändert?

All dieses sind gute Gründe, über ein Produktionsplanungssystem nachzudenken, im Rahmen eines Vernetzungsprojekts wird das Produktionsplanungssystem zur Pflicht.

7. Bekommt das Auftragsmanagement zeitnahe und vollständige Rückmeldungen aus allen Produktionsbereichen?

Zur Information der Kunden und für die Abrechnung müssen exakte Angaben im Auftragsmanagement vorliegen. Kurzfristig in der Produktion vorgenommene Änderungen aufgrund von veränderten Kundenwünschen oder aufgetretenen Engpässen müssen ausreichend auf der Auftragstasche dokumentiert werden. Bei der Abrechnung der Aufträge fehlt ansonsten die nötige Transparenz der Vorgänge.

8. Werden Betriebsdaten nicht oder nur auf Tageszetteln erfasst?

Tageszettel werden häufig nicht zeitnah ausgefüllt und sind nur eingeschränkt zuverlässig. Die manuelle Übertragung der Tageszettel für die Nachkalkulation stellt einen überflüssigen Arbeitsgang dar.

Checkliste zur Erarbeitung eines Vernetzungskonzepts

1. Welche Amortisationsdauer der Investition wird angestrebt?

Je kürzer die Amortisationsdauer, desto geringer ist das Investitionsrisiko. Normalerweise sollten 2–3 Jahre je nach internen Richtlinien angestrebt werden.

2. Wie soll das Investitions-Controlling sichergestellt werden?

Es ist oft schwierig, den Erfolg einer Investition zur Vernetzung zu beurteilen; deshalb sollten im Vorfeld Ziele und Messgrößen zur Bewertung festgelegt werden.

3. Wer soll die Bedarfs- und Prozesskostenanalyse durchführen?

Die Analyse kann von einem externen Berater oder einem internen Projektteam durchgeführt werden. Bei einem internen Projektteam ist darauf zu achten, dass dieses vom Tagesgeschäft ausreichend entlastet wird, damit das Projekt zügig bearbeitet werden kann.

4. Wird professionelles Projektmanagement eingesetzt?

Die Durchführung eines Vernetzungsprojektes sollte durch professionelles Projektmanagement begleitet und abgesichert werden.

5. Gibt es für das Vernetzungsprojekt ein Pflichtenheft?

Um Klarheit über den Funktionsumfang einer Vernetzung zu schaffen, ist es erforderlich, ein ausführliches Pflichtenheft zu erstellen.

6. Über welche Erfahrung verfügen Projektpartner/Lieferanten?

Umfangreiches Erfahrungswissen mit Vernetzungsprojekten ist aufgrund der Komplexität der Thematik grundlegend. Oft sind es Details, die ein Vernetzungsprojekt zum Scheitern bringen können.

7. Welche Vernetzungsstrecken haben den höchsten Nutzen?

Die Identifizierung des Nutzens hilft, Investitionsmittel sinnvoll einzusetzen. Empfehlenswert ist es, nicht das technisch machbare, sondern das wirtschaftlich sinnvolle umzusetzen.

8. Welche Kostenstellen sollen zuerst vernetzt werden?

Eine Vernetzung kann sukzessive eingeführt werden. Dies beginnt zumeist in dem Bereich der höchsten Wertschöpfung, im Drucksaal. Die Nachrüstung älterer Maschinen kann teuer sein und ggf. durch den Einsatz externer BDE-Terminals umgangen werden.

9. Welchen Funktionsumfang müssen das Anfrage- und Auftragsmanagementsystem erfüllen?

Das Anfrage- und Auftragsmanagementsystem ist das auftragführende System. Die erforderliche Funktionalität sollte ohne Abstriche erfüllt werden.

10. Auf welcher IT-Infrastruktur beruht die Vernetzung?

Die IT-Infrastruktur sollte so gewählt werden, dass die IT-Abteilung des Druckdienstleisters in der Lage ist, die installierten Systeme (Hardware, Betriebssystem, Netzwerk) zu betreuen und kurzfristig Probleme selbst zu beheben.

11. Welches System hält die Stammdaten, welches System stellt die Konsistenz des JDF sicher?

Eine zentrale Verwaltung des JDF bietet eine zuverlässige und leistungsfähigere Architektur. Der Lieferant des JDF-Servers übernimmt die zentrale Integrationsrolle.

12. Wann wird ein Master-JDF, wann ein Teil-JDF benötigt?

Bei nicht zentralen Konzepten muss eine sehr detaillierte Abstimmung zwischen den Anbietern erfolgen, wer, wann das jeweilige Master-JDF verwaltet und wer, wann ein Teil-JDF zur Durchführung einzelner Aufgaben erhält.

13. Welche Daten werden in welchem Format ausgetauscht?

Anzustreben ist eine komplett JDF/JMF-basierte Architektur. In der Praxis müssen jedoch auch ältere Systeme über proprietäre Schnittstellen mit eingebunden werden. Hierzu sind Funktionsumfang und Übertragungsmechanismen abzuklären.

14. Inwieweit ist JMF realisiert, welche Prozesse werden nicht mit JMF unterstützt?

Zur Übertragung aktueller Meldungen sollte JMF über ein bidirektionales Protokoll eingesetzt werden.

15. Sind die JDF-/JMF-Schnittstellen zertifiziert?

CIP4 und GATF haben eine Kooperation unterzeichnet, um Zertifizierungsverfahren zu entwickeln und damit in Zukunft die Schnittstellensicherheit zu erhöhen. Bis dahin können firmenspezifische Zertifizierungen eine Teilsicherheit bieten.

16. In welchem Umfang werden JDF-Private Sections genutzt?

Wichtig ist, dass Private Sections tatsächlich nur für Daten genutzt werden, die im Standardumfang von JDF nicht definiert sind.

17. Wie soll die Systemabnahme erfolgen?

Nach der Installation ist die Durchführung einer gewissenhaften Systemabnahme erforderlich, die sicherstellt, dass alle Systemkomponenten und der Datentransfer einwandfrei funktionieren. Hierzu sind im Vorfeld zwischen Lieferant und Kunde entsprechende Tests und Abnahmekriterien zu definieren.

18. Ist ein umfassender Service für sämtliche vernetzten Produkte sichergestellt?

Eine effiziente Lösung von Schnittstellenproblemen muss sichergestellt sein. Schuldzuweisungen zwischen Lieferanten sind wenig hilfreich, eine Art Generalunternehmerschaft kann klare Verantwortung schaffen.

Organisationen

BUW/DMT   Die Bergische Universität Wuppertal (BUW) bietet mit ihren Studiengängen Druck- und Medientechnologie (DMT) universitäre Lehre und Forschung im Bereich der Vernetzung der Printmedien-Industrie.

Weitere Informationen unter www.dmt.uni-wuppertal.de

CIP3   Die International Cooperation for Integration of Prepress, Press and Postpress (CIP3) betreut den 1993 maßgeblich vom Fraunhofer-Institut für grafische Datenverarbeitung (IGD) entwickelten Industriestandard Print Production Format (PPF).

Weitere Informationen unter www.cip4.org

CIP4   Die International Cooperation for Integration of Processes in Prepress, Press and Postpress (CIP4) ist die Nachfolgeorganisation von CIP3 mit über 200 Mitgliedsunternehmen. CIP4 entwickelt das Job Definition Format und treibt seine Verbreitung in der Printmedien-Industrie voran.

Weitere Informationen unter www.cip4.org

EUPRIMA   Die European Print Managementsystem Association (EUPRIMA) ist eine Vereinigung von AMS-Anbietern, die praxisgerechte Lösungen für die Prozessintegration von Druckdienstleistern, Kunden, Lieferanten und Unterlieferanten auf Basis des Job Definition Format entwickeln wollen.

Weitere Informationen unter www.euprima.org

GATF   Die Graphic Arts Technical Foundation ist eine Non-Profit-Organisation, die die Printmedien-Industrie mit technischen Informationen und Dienstleistungen versorgt. GATF ist Partner von CIP4 bei der Zertifizierung von JDF-Schnittstellen.

Weitere Informationen unter www.gain.net

IFRA   Die IFRA hat ihren Ursprung in „INCA-FIEJ Research Association", wobei „INCA" für „International Newspaper Colour Association" und „FIEJ" für „Fédération Int. des Editeurs de Journaux" steht.

Weitere Informationen unter www.ifra.com

IRD   Das Institut für rationale Unternehmensführung in der Druckindustrie e.V. (IRD) ist ein Beratungsinstitut für Betriebe der Druckindustrie und der Papierverarbeitung mit ca. 700 Mitgliedsfirmen im deutschsprachigen Raum.

Weitere Informationen unter www.ird-online.de

ISO   Die International Standardisation Organisation (ISO) ist eine internationale Organisation für die Entwicklung, Verabschiedung und Dokumentation von internationalen Standards.

Weitere Informationen unter www.iso.com

Die von Creo initiierte Networked Graphic Production (NGP) ist eine strategische Initiative, die das Ziel verfolgt, praxisgerechte JDF-Implementierungen zu schaffen. NGP bietet den Mitgliedsunternehmen und ihren Kunden die Möglichkeit, Integrationslösungen zu testen.

NGP

Weitere Informationen unter www.ngppartners.org

Die Print-on-Demand-Initiative (PODi) ist eine Initiative namhafter Hersteller der Printmedien-Industrie, um den Markt für Digitaldruck zu entwickeln. PODi unterstützt die Schaffung von Standards für den Digitaldruck.

PODi

Weitere Informationen unter www.podi.org

Unter dem Dach von PrintCity haben sich auf Initiative von MAN Roland mehrere Unternehmen der Printmedien-Industrie zu einer strategischen Allianz zusammengeschlossen. PrintCity hat das Ziel, komplette und zuverlässige Workflows in einer offenen Systemarchitektur anzubieten.

PrintCity

Weitere Informationen unter www.printcity.de

Print Talk ist eine Gemeinschaft von Anbietern von E-Business-Lösungen und Anfrage- und Auftragsmanagementsystemen, um „best practices" und Schnittstellen zwischen den Produkten zu definieren. Print-Talk-Implementierungen unterstützen JDF und die Commercial eXtensible Markup Language (cXML).

Print Talk

Weitere Informationen unter www.printtalk.org

Das World Wide Web Consortium (W3C) entwickelt Spezifikationen, Richtlinien, Software und Werkzeuge, um die Kommunikation im Web zu verbessern.

W3C

Weitere Informationen unter www.w3c.org

Die Workflow Management Coalition (WfMC) ist eine internationale Non-Profit-Organisation von Workflow-Anbietern, Anwendern, Beratern sowie Universitäten und Forschungsgruppen mit dem Ziel, in dem stark expandierenden Markt Standards für Software zu entwickeln und zu pflegen.

WfMC

Weitere Informationen unter www.wfmc.org

Unternehmen

Im Folgenden sind die Unternehmen genannt, deren Konzepte und Lösungen im Rahmen dieses Buches vorgestellt wurden. Dies stellt natürlich nur eine kleinere Auswahl von Unternehmen dar, die sich mit der Vernetzungsproblematik für Druck- und Mediendienstleister beschäftigen.

Adobe
Adobe Systems Inc. gehört zu den Initiatoren der Desktop-Publishing-Revolution und ist auch ein Vorreiter in der nächsten Publishing-Ära, dem Network Publishing. Adobe ist einer der Initiatoren des Job Definition Formats.
Weitere Informationen unter www.adobe.com

Agfa
Agfa ist Lösungsanbieter für die Druckvorstufe, der Druckproduktion und des Publishing. Agfa ist einer der Initiatoren des Job Definition Format und hat sich PrintCity angeschlossen.
Weitere Informationen unter www.agfa.com

bbk
Die bbk Informationsverarbeitung GmbH bietet das Produktionsplanungssystem JDPPI (Job Data Production Planning Interface) an, das mit dem AMS von datamedia zu einer JDF-Lösung integriert wurde.
Weitere Informationen unter www.bbk.de

Creo
Creo ist Lösungsanbieter für die Druckvorstufe mit Workflow-Lösungen sowohl für den Offset- als auch den Digitaldruck. Creo baut ein Netz von Partnerschaften für die Vernetzung unter dem Dach der Networked Graphic Production auf.
Weitere Informationen unter www.creo.com

datamedia
Die datamedia GmbH bietet das Anfrage- und Auftragsmanagementsystem RSK an, welches über JDF mit dem Produktionsplanungssystem JDPPI (Job Data Production Planning Interface) von bbk integriert wurde.
Weitere Informationen unter www.datamedia.org

Global Graphics
Die Global Graphics Software Ltd. ist ein Lösungsanbieter für die Printmedien-Industrie. Global Graphics hat sich PrintCity angeschlossen.
Weitere Informationen unter www.globalgraphics.com

Heidelberger Druckmaschinen
Die Heidelberger Druckmaschinen AG ist Lösungsanbieter in der Printmedien-Industrie. Das Produktportfolio umfasst Maschinen und Softwareapplikationen für den gesamten Wertschöpfungsprozess von Druckdienstleistern. Die Vernetzungslösungen der Heidelberger Druckmaschinen AG werden unter dem Namen Prinect

angeboten. Heidelberger Druckmaschinen ist einer der Initiatoren
des Job Definition Format.

Weitere Informationen unter www.heidelberg.com

Hiflex bietet ein Anfrage- und Auftragsmanagementsystem mit in-
tegriertem Produktionsplanungssystem an. Hiflex ist Mitglied der
NGP.

Weitere Informationen unter www.hiflex.de

Die MAN Roland Druckmaschinen AG ist Lösungsanbieter in der
Printmedien-Industrie. Das Produktportfolio umfasst Bogen- und
Rollenoffsetdruckmaschinen. Vernetzungslösungen werden unter
dem Namen PeCom angeboten. MAN Roland hat PrintCity gegründet, um gemeinsam mit anderen Anbietern der Printmedien-
Industrie Vernetzungslösungen zu vermarkten. MAN Roland ist
einer der Initiatoren des Job Definition Format.

Weitere Informationen unter www.man-roland.com

Optichrome Computer Systems Ltd. entwickelt und vertreibt das
Anfrage- und Auftragsmanagementsystem Optimus 2020. OCSL
hat sich PrintCity angeschlossen.

Das Softwarehaus Orgasoft GmbH entwickelt und vertreibt das
Anfrage- und Auftragsmanagementsystem OS ABSYS.

Weitere Informationen unter www.orgasoft.com

Die zu MAN Roland gehörende ppi Media GmbH bietet mit Print-
Net ein JDF-basiertes Produktionsplanungssystem für Zeitungs-
druckunternehmen und Verlage.

Weitere Informationen unter www.ppimedia.de

Das Software-Haus SSB (Software, Service und Beratung) GmbH
entwickelt und vertreibt die integrierte Branchensoftware DISO für
Druckdienstleister und Papier verarbeitende Unternehmen.

Weitere Informationen unter www.ssb-diso.de

Hiflex

MAN Roland

OCSL

Orgasoft

ppi Media

SSB

Industriestandards

Im Folgenden sind einige Spezifikationen und Links zu Industriestandards im Bereich der Printmedien-Industrie aufgeführt. Diese Information kann naturgemäß nur die Aktualität zum Zeitpunkt des Redaktionsschlusses dieses Buches widerspiegeln. Der Leser sollte also ggf. prüfen, ob inzwischen neuere Versionen verfügbar sind.

ICC
ICC-Spec.1:1998-09, File Format for Color Profiles, Version 3.5
Date: 1998
Produced by: International Color Consortium
http://www.color.org/ICC-1_1998-09.PDF

IFRAtrack
IFRAtrack-Specification Version 2.0
Date: June-1998
IFRA Special Report 6.21.2
Produced by: IFRA
http://www.ifra.com/

JDF
JDF Specification Version 1.1 Revision A
Date: 05-September-2002
Produced by: CIP4
http://www.cip4.org/

PODi
PPML Functional Specification Version 1.1
Date: Jul-2002
Produced by: Print-on-Demand-Initiative
http://www.podi.org/

Print Talk
Print Talk-Implementation Version 1.0
Produced by: Print Talk Consortium
http://www.printtalk.org/

PJTF
Portable Job Ticket Format
Date: 2-April-1999
Produced by: Adobe Systems Inc.
http://partners.adobe.com/asn/developer/PDFS/TN/5620.pdf

PPF
Print Production Format-Version 3.0
Date: 2-June-1998
International Cooperation for Integration of Prepress, Press, and Postpress
http://www.cip4.org/documents/technical_info/cip3v3_0.pdf

XML
XML-Specification Version 1.0
Date: 10-February-1998
Produced by: World Wide Web Consortium (W3C)
http://www.w3.org/TR/REC-xml

Date: 02-May-2001
Produced by: World Wide Web Consortium (W3C) XML-Schema working
group
http://www.w3.org/TR/xmlschema-0/(-1/;-2/)

Glossar

Allgemeine Informationstechnische Begriffe

B2B   Business-to-Business (B2B) ist eine Variante des E-Commerce. Sowohl Käufer wie Verkäufer sind Unternehmen. Zunehmend werden ganze Geschäftsprozesse auf B2B abgestimmt. Die Hauptvorteile solcher virtuellen Plattformen liegen in der Standardisierung von Prozessen und Daten im Geschäftsverkehr mit externen Partnern sowie in der Möglichkeit, neue Beschaffungs- und Absatzmärkte zu erschließen.

CIM   Der Begriff Computer Integrated Manufacturing (CIM) wurde Anfang der 80er-Jahre geprägt und war mit der Erwartung einer sehr starken Automation bis hin zur ‚Mannlosen Fabrik‘ verbunden. Diese Erwartungen konnten damals insbesondere mangels genormter Schnittstellen nicht erfüllt werden. Heute ist die Entwicklung in vielen Industriezweigen ein gutes Stück weiter. Mit der Erkenntnis, dass menschliche Kompetenz ein wertvoller Teil eines Unternehmens ist, wurde von dem Ziel der ‚Mannlosen Fabrik‘ zunehmend Abstand genommen.

E-Commerce   Mit Electronic Commerce (E-Commerce) werden Geschäfte bezeichnet, die über das Internet abgewickelt werden. E-Commerce-Lösungen bieten die Möglichkeit, Produkt- und Preisinformationen sowie Konditionen über das Internet abzuklären. Auch die Bezahlung kann über das Internet (Kreditkarte, Online-Banking) erfolgen.

E-Procurement   Electronic Procurement (E-Procurement) ist die Nutzung von Internet-basierten Informations- und Kommunikationstechnologien zur Optimierung der Beschaffungsabläufe. Eine in der Printmedien-Industrie häufig eingesetzte E-Procurement-Lösung ist „Paperconnect“, über die Druckdienstleister, Verlage und Werbeagenturen die Möglichkeit zur internetbasierten Beschaffung von Feinpapier und Papiermarktinformationen haben.

Softwareapplikationen

Anfrage- und Auftragsmanagementsysteme (AMS) haben die Aufgabe, Aufträge von der Angebotsphase bis hin zur Abwicklung
anzulegen, zu kalkulieren, zu planen und zu steuern. Im Bereich
der Printmedien-Industrie werden diese Systeme aus historischen
Gründen auch als Kalkulationssysteme oder Branchensoftware,
zum Teil auch als MIS (Management-Informationssysteme) bezeichnet.

AMS

Die Betriebsdatenerfassung sind manuelle Eingaben durch die Mitarbeiter der Produktion, um den tatsächlich anfallenden Ressourcenverbrauch und die Produktionsvorkommnisse zu erfassen. Dazu
bedient sich der Mitarbeiter der eines BDE-Terminals oder einer
BDE-Maske direkt auf dem Maschinenleitstand bzw. in der Softwareapplikation. Die Betriebsdatenerfassung ergänzt die Maschinendatenerfassung. Die erfassten Daten werden dem Anfrage- und
Auftragsmanagementsystem für die Nachkalkulation und statistischen Auswertungen zur Verfügung gestellt.

BDE

Unter Customer Relationship Management (CRM) wird ein ganzheitlicher Ansatz zur Unternehmensführung verstanden. CRM
integriert und optimiert abteilungsübergreifend die kundenbezo-
genen Prozesse in Marketing, Vertrieb, Kundendienst sowie Forschung und Entwicklung. In der Printmedien-Industrie werden
CRM-Module als Bestandteil des Anfrage- und Auftragsmanagementsystems verkauft. Diese Module haben die Aufgabe, den Außendienst bei der Angebotserstellung und Kundenbetreuung mit
Daten aus dem AMS zu unterstützen sowie eine Übertragung der
Aufträge an das AMS ohne Medienbrüche zu ermöglichen.

CRM

Der Grundgedanke von Enterprise Resource Planning (ERP) ist eine
unternehmensweite oder sogar unternehmensübergreifende Bereitstellung der Daten von Produktionsfaktoren (Produktion, Mate-
rialwirtschaft, Disposition, Logistik, Personal, Buchhaltung), die in
ihrem Umfang über den von konventionellen Produktionsplanungs-
und Steuerungssystemen (PPS) weit hinausgeht. Die bekanntesten
Beispiele solcher Software-Anwendungen sind SAP/R3 für große
Unternehmen oder mySAP für den Mittelstand.

ERP

Die Maschinendatenerfassung (MDE) umfasst sämtliche von Softwareapplikationen und Maschinen übermittelten Signale, die Rück-
schlüsse auf die Ressourcennutzung bzw. den Ressourcenverbrauch
zulassen. Maschinendaten werden automatisch erfasst und verlan-
gen kein Eingreifen des Mitarbeiters. Sie ergänzen die Betriebsdatenerfassung.

MDE

MIS   Management-Informationssysteme (MIS) haben die Aufgabe, dem Management gezielte Informationen zur Leitung von Unternehmen zur Verfügung zu stellen. Im Bereich der Printmedien-Produktion werden teilweise auch Anfrage- und Auftragsmanagementsysteme (AMS) als MIS bezeichnet.

PPS   Produktionsplanungs- und Steuerungssysteme (PPS) sind Softwareapplikationen zur Material-, Kapazitäts- und Terminplanung. Aufträge werden mit einer elektronischen Plantafel geplant, die Stamm-, Auftrags- und Produktionsdaten gemeinsam an den Maschinenleitstand gesandt. Rückmeldungen von den Maschinen ermöglichen die zeitnahe Steuerung der Produktionsprozesse.

SCM   Der Begriff Supply Chain Management (SCM) steht für die Optimierung der gesamten Lieferkette. Im Mittelpunkt steht die Wertschöpfungskette vom Sublieferanten über den Lieferanten, Produzenten bis hin zum Zwischen- und Endkunden. In Verbindung mit E-Business-Lösungen werden Technologien genutzt, die direkt zur Effizienzsteigerung und Kostensenkung führen sowie eine enge Partnerschaft mit Kunden und Lieferanten ermöglichen. Ausgehend vom Endkunden umfasst SCM das geschäftsprozess- und unternehmensübergreifende Management von Material- und Informationsströmen im Wertschöpfungsnetzwerk.

Datenaustauschformate

Das Electronic Data Interchange For Administration, Commerce and Transport (EDIFACT) Format wird seit Jahren erfolgreich zum elektronischen Austausch von Handelsdokumenten und Geschäftsnachrichten eingesetzt. Zum Umsetzen von EDIFACT-Nachrichten werden Konverter eingesetzt, die eingehende EDIFACT-Nachrichten in das von der Softwareapplikation verwendete Format umsetzen.

EDIFACT

Das Job Definition Format (JDF) ist ein herstellerunabhängiges Datenaustauschformat für die Auftragsdefinition und -durchführung, das die gesamte Prozesskette von der Angebotserstellung bis hin zur Auslieferung abdecken soll. JDF führt die bisherigen Formate Print Production Format (PPF), Portable Job Ticket Format (PJTF) von Adobe und IFRAtrack mit bislang nicht genormten Auftragsdaten zu einem neuen internetfähigen Standard zusammen. JDF basiert dabei vollständig auf dem Standard XML. JDF wird vom CIP4-Konsortium (International Cooperation for the Integration of Processes in Prepress, Press, and Postpress) gepflegt und weiterentwickelt.

JDF

JDF-Templates sind wieder verwendbare Vorlagen für Produkte, Produktfamilien sowie Produktionsarten und Produktionsschritte, die genutzt werden können, um JDF schnell und effektiv aus bereits bestehenden Informationen aufbauen zu können.

JDF-Templates

Das Job Messaging Format (JMF) ist ein herstellerunabhängiges Format, das in Erweiterung zu JDF eine dynamische Kommunikation auch während der Prozesse zulässt. JMF basiert ebenfalls auf dem Standard XML und wird vom CIP4-Konsortium (International Cooperation for the Integration of Processes in Prepress, Press and Postpress) gepflegt und weiterentwickelt.

JMF

Das Portable Document Format (PDF) von Adobe ist als plattformunabhängiges Ausgabedatenformat ein in der Printmedien-Industrie anerkannter Standard für Content-Daten, der auch in allgemeinen IT-Bereichen Einzug gefunden hat.

PDF

Das Portable Job Ticket Format (PJTF) wurde von Adobe entwickelt, um PDF-Dateien Steuerbefehle für Ausgabe und Weiterverarbeitungsgeräte mitzugeben. PJTF-Dateien beinhalten Informationen zur Verarbeitung von Seiten sowie zu Ausgabeparametern bis hin zu CIP3-Informationen oder administrativen Daten. PJTF-Dateien können in die PDF-Dateien eingebettet werden und ermöglichen Ausgabeeinstellungen, ohne dass in der PDF-Datei Parameter ver-

PJTF

ändert werden müssen. Die Funktionalitäten von PJTF sind im JDF
enthalten.

PPF   Das Print Production Format (PPF) ist ein Vorläufer von JDF, das
von der CIP3 (International Cooperation for Integration of Prepress, Press and Postpress) entworfen wurde. In einer PPF-Datei
können in der Druckvorstufe zahlreiche Parameter für ein Druckprodukt beschrieben und später für die Voreinstellung von Druck-
und Weiterverarbeitungsmaschinen verwendet werden. Mit JDF ist
keine separate CIP3-Schnittstelle mehr erforderlich, da sämtliche
Funktionen im JDF enthalten sind.

XML   Die eXtensible Markup Language(XML) ist eine vom W3C standardisierte Metasprache zum Definieren von Dokumenttypen. Diese
erweiterbare Metasprache ist plattform-, applikations-, sprachen-
und domainunabhängig.

Betriebswirtschaftliche Begriffe

Die Amortisationsdauer (pay-back-period, pay-off-period, Kapitalrückflussdauer) kennzeichnet die Zeitspanne, nach der alle Ausgaben durch zurückfließende Einnahmen gedeckt sind.

Amortisationsdauer

Das Benchmarking ist ein Instrument des strategischen Controllings um Wertschöpfungsprozesse, Managementpraktiken, Produkte oder Dienstleistungen zwischen Unternehmen oder Geschäftsbereichen mit dem Ziel, Leistungsdefizite aufzudecken.

Benchmark

Controlling ist ein Planungs-, Kontroll-, Steuerungs- und Koordinationsinstrument der Unternehmensführung, durch das komplexe Prozesse – insbesondere die Wirksamkeit von betrieblichen Maßnahmen – besser kontrolliert und gesteuert werden können.

Controlling

Der Deckungsbeitrag ergibt sich aus der Differenz von Verkaufserlösen und variablen Kosten. Der Deckungsbeitrag dient der Deckung der Fixkosten. Der über die Fixkostendeckung hinausgehende Anteil ist Gewinn.

Deckungsbeitrag

Einzelkosten sind Kostenarten, die sich den Kostenstellen oder -trägern direkt zurechnen lassen.

Einzelkosten

Gemeinkosten sind keiner Bezugsgröße direkt zurechenbar und werden in der Kostenrechnung mit Hilfe eines Verrechnungsschlüssels umgerechnet (Gemeinkostenzuschlag).

Gemeinkosten

Kalkulatorische Kosten sind in der Erfolgsrechnung zu berücksichtigende Kosten, denen unmittelbar keine Ausgaben entsprechen, und die deshalb erfolgsneutral behandelt werden müssen.

Kalkulatorische Kosten

Als Kostenstellen werden nach analytischer Zweckmäßigkeit abgegrenzte Leistungsbereiche eines Unternehmens bezeichnet, z. B. Maschinen, Maschinengruppen, Arbeitsplätze.

Kostenstellen

Kostenträger sind die einzelnen Produkte (verkaufte wie innerbetriebliche Leistungen) eines Unternehmens, aus deren Erlösen die Kosten gedeckt werden.

Kostenträger

Der Nettogeldwert repräsentiert den diskontierten, kumulierten Wert, der durch eine Investition geschaffen wird.

Nettogeldwert

Pagatorisch bedeutet, dass die Aufwendungen bzw. Erlöse zahlungswirksam sind.

Pagatorisch

Die Platzkostenrechnung ermittelt die auf eine Zeiteinheit bezogenen Kosten pro Kostenstelle, z. B. pro Maschine, Arbeitsplatz etc.

Platzkostenrechnung

Rating	Ein Rating ist eine Einstufung der Fähigkeit, Kredite fristgerecht zurückzuzahlen (Bonität) und dient damit der Markttransparenz. Für Unternehmen mit hoher Einstufung hat es den Vorteil, Kapital zu günstigeren Konditionen zu erhalten.
Return-on-Investment	Der Return-on-Investment (ROI) ist eine Kennzahl zur Ermittlung der Rentabilität von Investitionen und ist als Produkt aus Umsatzrentabilität (Verhältnis des Gewinns zum Umsatz) und Kapitalumschlag (Verhältnis von Umsatz zum Kapitaleinsatz) definiert.
Umsatzrentabilität	Die Umsatzrentabilität ist das prozentuale Verhältnis zwischen Gewinn und Umsatz und damit ein wichtiges Kriterium für die Erfolgskontrolle, den Betriebsvergleich sowie die Entscheidung über Investitionen.
Vollkostenrechnung	In der Vollkostenrechnung werden sämtliche Kosten auf die jeweiligen Bezugsgrößen (z. B. Kostenstellen, Kostenträger) verrechnet.

Sachverzeichnis